梵蒂冈(Vaticano),
城门

护门卫士

尼泊尔,加德满都(Katmandu)

寺庙门前静坐行者

泉州,圣友寺的奉天坛(即礼拜殿)

建于北宋(公元1009年)。门前祈祷

英国，相同的住宅入口设计，却有醒目的门牌号

日本，有明显的住宅入口"标志"

法国，巴黎(Paris)，新颖的住宅入口设计

八达岭长城(Badaling Section of the Great Wall)。
明代(公元1505年)建。城高7.8m,每500m设一烽火台(为了防卫,一般外墙不设门,仅设侧门)

沿河城长城(Yanhecheng Section of Great Wall)

慕田峪长城(Mutianyu Section of the Great Wall),正关台(Main Terraced Passes)

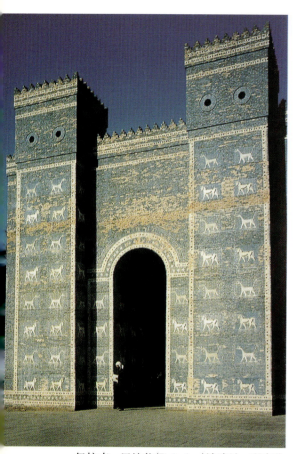

伊拉克,巴比伦(Babylon)城遗址,现存依什达城门(Ishtar Gate)

沿河迂回布置,城墙周长19km,公元前3世纪建城门采用彩釉的砖拱门,"纹章"动物图案,局部有浮雕。顶部有猫儿窗

英国,米德尔塞克斯城堡(Middlesex)

1728年建,图为主入口

意大利,阿普利亚(Apulia),蒙特(Moute)城堡

建于公元1240年,图为主入口

(a) 城堡门(A fortified city gate)——水门之一　　　(b) 城堡门——水门之二

伊拉克，巴格达(Baghdad)，巴巴尔—瓦斯塔尼城堡门(Babal-Wastani)
建于公元13世纪(a、b)

突尼斯，莫纳斯提尔(Monastir)，城堡门
始建于公元796年

以色列，凯撒城遗迹(Caesarea)
属罗马(Roman)和拜占庭(Byzantine)时期的城堡(Fortresses)门，始建于公元1224年

匈牙利，布达佩斯(Budapest)，"渔人堡"要塞正门

德国，慕尼黑(München)

波比林门(Propyläen)——护门神，1862 年建

德国，慕尼黑(München)

西格门(Siegestor)，即胜利之门(a、b)

(a) 近景

(b) 框景

西藏，拉萨(Lhasa)，布达拉宫(Potala Palace)
始建于公元 7 世纪。图为门厅(entrance hall)

西藏，江孜，白居塔寺(Baiju Pagoda in Gyangze)正门
塔高 32m，佛像 10 万尊，故此塔又称"十万佛塔"

山西省，平遥(Pingyao)，镇国寺(Zhenguo Temple)正门

公元963年建。图为万佛殿(The Hall of Ten-Thousand Buddhas)，木结构，万佛殿彩塑(五代作品)很珍贵

山西省，平遥，白云寺(White Cloud Temple)

院落四进，依山而筑，南北高差30m，上台阶入正门

(a)

(b)

山西省，平遥(Pingyao)，清虚观(Qingxu Taoist Temple)

原名为太平观(Taiping Temple)，始建于唐(公元684年)。图(a)为元代建的龙虎殿(Dragon & Tigar Hall)，门左右内塑高5m的青龙、白虎两神像。图(b)清代建的纯阳宫(Chunyang Hall)正门

印度，松纳特(Somnath)，肯斯哈瓦神庙(Keshava)正门

印度，蒂鲁奇拉帕利(Tiruchirapalli)，大神庙正门

印度，什里伦加姆(Shrirangam)，大神庙正门

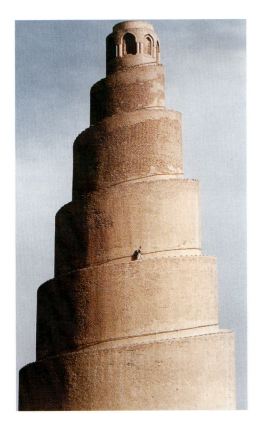

伊拉克，萨马拉(Samarra)，大清真寺

　27m高，847年建。砖墙。著名的"迂回曲折的塔"，迂回至顶入门

西班牙，科尔多瓦(Cordoba)大清真寺侧台阶的主入口

　始建于公元750年

印度，德里(Delhi)，皮埃尔清真寺(Pearl's Mosque)正门

　始建于1732年

安徽省，歙县石坊门

著名的有许国石坊和棠樾牌坊群等104个

安徽省，绩溪县奕世尚书牌坊门

建于明代（公元1562年）。高10m，四柱三门五楼，悬山式建筑，用花岗石和泰式石搭配雕凿而成

贵州省，青岩镇，贞女牌坊门

浙江省，杭州市，园林内的钟楼门

泰国，曼谷(Bangkok)
泰国皇家园林依水开门

日本，住宅外门(a)、(b)、(c)

(a)

(b)

(c)

意大利，罗马(Rome)，真理之门

(a)

(b)

上海，石库门(住宅)(a)、(b)

意大利，罗马(Rome)，马格他街51号大门

德国，波恩(Bonn)，波恩中学主门

美国，威廉斯波特(Williamsport)，斯蒂文(Stevens)学校主门

建筑构成系列图集

门

宋培抗　主编

中国建筑工业出版社

图书在版编目(CIP)数据

门 / 宋培抗主编. —北京：中国建筑工业出版社，2004
（建筑构成系列图集）
ISBN 7-112-06346-9

Ⅰ.门... Ⅱ.宋... Ⅲ.门-结构设计-图集
Ⅳ.TU228-64

中国版本图书馆CIP数据核字(2004)第011554号

本书为建筑构成系列图集丛书中的门系列，共收录1000余幅图片，详细介绍了各类建筑的门的形式、构成、风格等，作者在书中还提出了建筑开门的一些问题。本书可作为建筑设计人员设计建筑门时的重要参考，具有较高的收藏价值。

本书可供建筑设计、施工、管理等人员使用，也可供广大建筑爱好者及大专院校师生参考。

责任编辑　胡明安
责任设计　彭路路
责任校对　黄　燕

建筑构成系列图集

门

宋培抗　主编

*

中国建筑工业出版社出版、发行（北京西郊百万庄）
新　华　书　店　经　销
北京建筑工业印刷厂印刷

*

开本：787×1092毫米　横 1/16　印张：25½　插页：8　字数：620千字
2004年8月第一版　2004年8月第一次印刷
印数：1—3,500册　定价：58.00元
ISBN 7-112-06346-9
TU·5561(12360)

版权所有　翻印必究

如有印装质量问题，可寄本社退换
（邮政编码 100037）

本社网址：http://www.china-abp.com.cn
网上书店：http://www.china-building.com.cn

前　言

就建筑物整体而言，建筑物上的门并不"显眼"，但从主门在建筑物中所在的位置来看，门不是放在建筑物中轴线上，就是放在建筑物的中央处。因此，建筑门的设计，在一定程度上影响了建筑物的整体效果。设计建筑门时，除了满足必要的功能尺寸之外，主要依据建筑的体量、外形等，尤其是根据建筑物主立面设计的需要不同，其门的体量、尺寸、比例是各不相同的，建筑门的形式及风格是丰富多彩的。

一个成功的建筑物，往往与精心设计门的形式与风格有极大的关系。

本书提到的建筑门的基本图形及传统门的尺寸与风格，是设计门的基础；并列举建筑门的实例照片，按建筑功能性质归类展示，便于设计者参考使用。配上外文，以"看图识字"方式，来加以叙述，实用又"朴素"。

关于建筑中的门的设计理念，我想谈下列几个方面：

（1）一幢建筑的门，尤其是沿街布置一组建筑群的开门方式，应受到城市规划这个科学领域提出的要求和制约。如：有住宅、办公、商业等一组建筑群，它们各自开口，直通城市主干道，那么主干道的交通常常因多处进出交通车辆交叉而受阻（我国是自行车大国，就更可想而知了）。虽然，从建筑设计角度而言，功能划定明确，便于物业管理等，但从城市规划角度而言，就极不合理。城市规划部门应对沿街建筑开门方式，提出具体要求。

（2）有许多建筑物，尤其是商业建筑，在城市道路交叉口一角的角处开门，造成人不走人行横道而斜穿马路，与行驶车辆产生多点斜向冲突，这是很危险的。解放前，上海、天津等地商业建筑，为了吸引顾客，在交叉口、拐角处开门是常见的。如上海的先施公司、永安公司；天津的劝业场、百货公司及交通饭店等，当时人、车流均很少，矛盾并不突出，现在人、车流增加了好几倍，甚至几十倍，就很危险了。前一段时间有许多商业建筑均改为侧面开门，值得提倡。现在又变回去了，许多新商业建筑又在交叉口、拐角处开门，就实在不能理解了。

（3）在大城市中，修建立交桥，对改善点状互换交通是很有利的。但现在有些立交桥没有考虑周围左邻右舍。如，天津八里台立交桥，在下坡处即是南开大学的主门，由于主门进出车辆多及大量的师生流，上、下立交桥的车辆常常受阻，有时只能停在立交桥上等候，那么，修建这样的立交桥就达不到预期的效果。

（4）建筑门的设计，尤其是建筑物的外门设计，常常受到建筑整体外形设计的极大影响。如建筑门周围上下左右，与周围建筑的协调和谐等；反过来，由于建筑门所处的重要位置，建筑门本身设计的好坏，将会直接影响建筑外形设计的整体效果。孤立地谈门是错误的，不重视门的设计也是错误的。

（5）人与门之间的亲和性——门前活动。建筑门除了人、车流出入口、防风、通风、安全、防盗等功能外，还有其他极为重要的作用——门前活动。我国广大的农舍，农民常常在门前活动，如干一些农活、闲谈、带孩子、门前吃饭、坐在门槛上休息等；宗教祭典、传统节日活动等也如此；人们习惯性的在门前先站一会儿，如整理一下衣与物、看外景及与来往人打招呼等；人们一醒来，首先推门活动；有些王室人员常在门前照相留念。总统在门前参加活动与举行新闻发布会等；我小时候，爱玩却胆小，为了方便找到家，就在离家门不远处玩，"连家门都找不到"，这句话形成习惯用语。如"你找错门了"，"你找的门牌号不对"，"您找的门在这里"等。联想建筑门的设计问题，尤其是主入口门，应有明显的"标志"，便于找到门。有许多商场，很难找到主入口处，要进商场，先找门，浪费了不少精力与时间。有许多居住区，门的形式与风格雷同，想找您需要的门牌号，难上加难。

（6）人们对"门"的理解与评价有许多生活的借鉴，如"张门王氏"、"长门长子"、"门当户对"、"五花八门"、"门户之见"、"门庭若市"、"门外汉"、"门风"、"自立门户"、"门户紧闭"、"小心门户"等；有儒门、佛门、门徒、天门、门神、门市等；有电门、水门、气门、闸门等。大到一个城市，如天津市称为"津门"和首都的"门户"。因此，人们心目中的"门"是丰富多彩的。

（7）一些现代建筑门的设计，过于简单，形式一般。这幢建筑与那幢建筑，其功能性质不同，门的形式却相同；尤其是沿街一排建筑，均是相同的门，使我想起了"文化大革命"时期，不少男女老少均穿"青一色服装"一样。由于建筑门是人们首先进行活动的部位（第一印象），如果门的设计千篇一律，将对城市景观产生极大的不利影响。相对而言，从一些国内外古建筑来看，如古民居、寺庙、皇宫、清真寺、教堂等，建筑门的设计十分精心，设计水平是很高的，而且门的上下方和周围与建筑整体外形非常协调和谐，有的相当雄伟、堂皇和华丽。我们的祖先也给我们留下宝贵的遗产：高超的门闸艺术及木雕、砖雕、石雕艺术。参观这些古建筑，就十分亲切，常常在其门前逗留、欣赏，用手抚摸、门前留念，有久久不想离去之感，甚至于过了几年仍难以忘记。看来，建筑门的设计，作为一种形式、一种风格、一种文化、一种历史，也代表一个国家、一个城市的文明理念。

（8）建筑门的门前问题。如门前停车、摊位、广告牌、名称牌、垃圾堆放等。保持门前整洁、安全、美观就显得十分重要，也是城市面貌的一面镜子。在欧洲各国城市，门的设计一般，但整洁的建筑外形，也能收到良好的效果。如：墙面经常粉刷、门前保持卫生等。

（9）建筑门的尺度、比例，除了功能要求外，应放宽，不必受到限制；建筑门的形式与风格也放宽，主张多样化，百花齐放，丰富城市景观。尽量克服与避免传统的、单调的门的式样与风格。建筑门的式样与窗格式样完全可以互用，不必分得很清楚。有些栏杆式样，石刻、砖刻、木刻等式样，也完全可以用于门之中，许多几何图案也应广泛应用。我们需要千千万万个门的形式与风格，使门的设计达到一个高水平。

（10）从全国一些古建筑来看，列入世界遗产的古建筑保护得比较好，但属于地方保护的古建筑，仅从"门"的角度来谈，保护不太理想。如：有些古建筑完善地保护下来，但该古建筑的门全部改为"塑钢门"，这类例子不少。而在意大利，古建筑外形绝对不能改变，但内部作了许多现代处理。这些观点可以展开讨论，不必强调一致。

40年前，我在同济大学学习时，同济大学的教授们教我们随身带笔和纸，遇到城市中好的景观和好的建筑形式，把它画下来，这种方法叫"速记"。积累越多，效果越好。想不到，我画钢笔画，一画画了40年。钢笔画对我而言，创造规划设计灵感，同时也可"磨"、"练"、"耐"一下，极为有助。从科学而言，动手，就动脑子。直至今日，我仍然亲自动手做规划设计方案及修改方案。

参加本书整理、加工的人员有：王丽丽、宋梓正、钟明、宋新力、闫旻、宋培建、李雄、蔡成、宋晓云、王磊、张强、张莉、邓昌立、季军、王明生、王力、陆淳、宋亲等。

请读者多提宝贵意见，谢谢！

作者

目 录

1 城市规划对沿街建筑开门方式提出要求与制约 …………………………………………………… 1
2 建筑门的基本图形 ……………………………………………………………………………………… 9
   （1）现代建筑门的一般式样 ………………………………………………………………………… 11
   （2）现代建筑门的常用式样（简图）……………………………………………………………… 23
   （3）现代建筑外门 …………………………………………………………………………………… 27
   （4）园林粉墙上常用门式（典型）汇总 …………………………………………………………… 29
   （5）钢门（或钢门与钢窗组合）式样 ……………………………………………………………… 31
   （6）折叠式门 ………………………………………………………………………………………… 32
   （7）防盗门构造 ……………………………………………………………………………………… 35
   （8）现代停车库的门式样 …………………………………………………………………………… 35
   （9）门拱券（中国篇）……………………………………………………………………………… 40
   （10）门拱券、叶形拱（外国篇）…………………………………………………………………… 41
   （11）现代建筑门的木纹图案 ……………………………………………………………………… 44
   （12）建筑门写生（钢笔画）………………………………………………………………………… 45
3 中外著名古建筑——建筑门的形式与风格 ………………………………………………………… 47
   （1）中国古建筑 ……………………………………………………………………………………… 49
   （2）国外著名古建筑 ………………………………………………………………………………… 61
4 人与门之间的亲和性——门前活动 ………………………………………………………………… 81
5 建筑主门应有明显的入口标志 ……………………………………………………………………… 99
6 洞门起框景作用——具有引人入胜的效果 ………………………………………………………103

7 在城市道路交叉口转角处开门……………………………………………………107
8 国门的形式与风格……………………………………………………………………111
9 城（堡）门的形式与风格……………………………………………………………119
10 城市纪念性门的形式与风格………………………………………………………131
11 寺庙建筑门的形式与风格…………………………………………………………139
12 教堂建筑门的形式与风格…………………………………………………………179
13 清真寺建筑门的形式与风格………………………………………………………219
14 宫殿建筑门的形式与风格…………………………………………………………241
15 陵墓建筑门的形式与风格…………………………………………………………263
16 鼓楼、钟楼建筑门的形式与风格…………………………………………………273
17 中国牌坊门的形式与风格…………………………………………………………277
18 园林建筑门的形式与风格…………………………………………………………283
19 住宅建筑之外门式样………………………………………………………………309
20 住宅建筑门的形式与风格…………………………………………………………319
21 公共建筑门的形式与风格…………………………………………………………363
22 工业建筑门的形式与风格…………………………………………………………395

1 城市规划对沿街建筑开门方式提出要求与制约

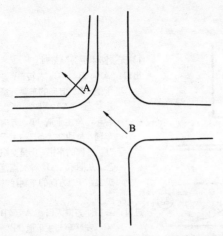
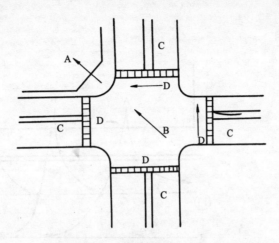
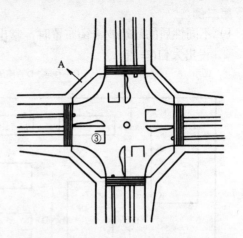

第一例　建筑物在交叉口、拐角处开门（不佳）

一些老建筑，尤其是大型百货公司或大商场，为了吸引顾客，突出建筑物主入口的位置，在交叉口的"A"处开门。现代建筑类似这种开门处也不少。这种开门法，容易使人流"B"斜穿马路，十分危险。以前车流少，或者缺乏科学性可以理解，现在这样照搬实属败笔。

1）若道路设中央分隔带（"C"），人流分两路入"A"。

   1）走人行横道线（两边）"D"。
   2）继续斜穿（一边），省距离（"B"）。

2）道路设导向岛和中央交通岛，并自行车靠前停车③，建筑"A"开口，失去功能意义。迫使人流走人行横道线，人流斜穿受阻（警察干扰或斜穿不方便）。

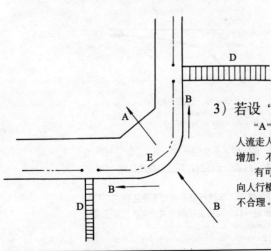
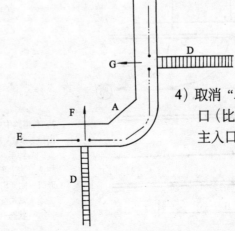

3）若设"E"护栏：

"A"建筑主入口，失去功能意义，迫使人流走人行横道线，再回到"A"入口，里程增加，不合理。

有可能人流"B"，仍斜穿马路。穿越后向人行横道线滑动，再回"A"主入口，绝对不合理。

4）取消"A"入口，由"F"、"G"入口（比较合理），今后"A"建筑物主入口设置应尽量避免。

第二例

1）不同性质的建筑物沿街布置时，常出现各自设出入口(车流)。

图示：A－办公楼；B－商场；C－住宅；D－围墙

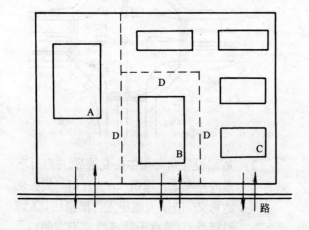

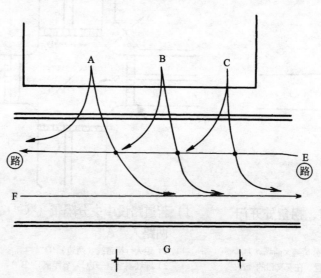

1）无道路中央分隔带时：

出口："A"、"B"、"C"右转车，与主干道"E"方向的车辆，呈交织状态，"A"、"B"、"C"左转车，与主干道"E"方向的车辆，呈冲突状态，与主干道"F"方向的车辆，仍呈交织状态。从图示，"G"冲突点范围扩大，"E"方向的车辆经常受阻。

进口：由"F"方向入口，"A"、"B"、"C"左转车与主干道"E"方向的车辆，呈冲突状态，同样"G"冲突点范围扩大，"E"方向的车辆同样受阻。

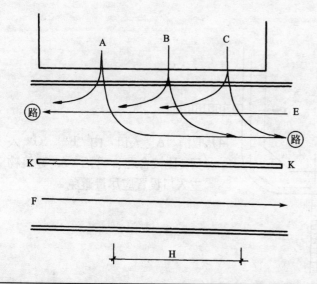

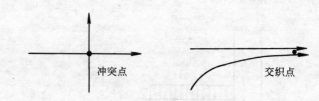

2）有道路中央分隔带时：

出口："A"、"B"、"C"右转车，与主干道方向"E"的车辆，呈交织状态，"A"、"B"、"C"左转车，与主干道"E"方向的车辆呈冲突状态，而且处于逆行，即逆行冲突区域"H"扩大。车辆行驶处于混乱状态。

进口：由"F"方向入口，受阻，要想入口，完全处于逆行，车辆行驶不但处于混乱状态，而且常常受阻，并易出交通事故，或中央分隔被迫开口，而失去功能意义，车流仍处于混乱状态。

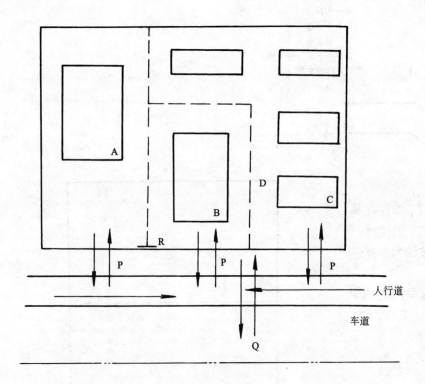

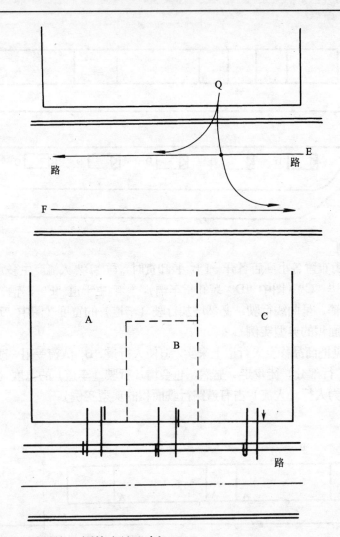

2）改进方案参考：

1）沿街建筑应限制车辆出入口（步行出入口不限制）。

图示：P 为步行出入口；Q 为车辆出入口；R 为车辆安全出入口（一般关闭）。

步行人流 "P"，依靠道路人行道进行交换人流，进入各自的建筑物内。

2）"Q" 车辆右转时，与主干道 "E" 车辆呈交织状态；"Q" 车辆左转时，与 "E" 车辆呈冲突点状态。由多点冲突区域改为一个冲突点区域。大大改善主干道的通行能力。

因此，对沿街建筑物的出入口数量，应受到严格控制，要拟定规划法规（包括重要建筑出入口及特殊建筑出入口），由城市规划部门加以控制。

伊拉克的海法吉辛庙（Temple di Sin, Khafaje）已避开主干道，在侧向设置主出入口（这类古建筑实例较少），却解决了古建筑与现代交通车流之矛盾。

第三例（雷同第二例的车流分析）

相同性质的住宅区（或群），沿街布置时，也常常出现多点车流出入口。

"A"、"B"、"C" 为三家房地产开发商，各自设出入口，同样与主干道车辆产生扩大型的冲突点区域。（必须阻止！）

城市规划部门，应在该地区做控制性详细规则。在规划的指导下，再由各开发公司去开发。另规划部门，在做详细规划时，多考虑向次干道开出入口的可能性，确保主干道的畅通。

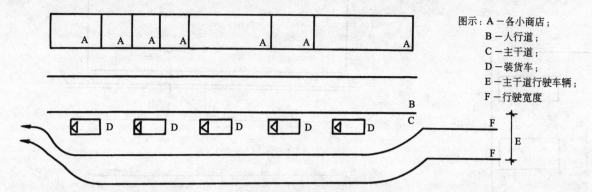

图示：A—各小商店；
B—人行道；
C—主干道；
D—装货车；
E—主干道行驶车辆；
F—行驶宽度

第四例

1) 沿街布置各小商店各开一门，装卸货时，与"B"人流产生多点交叉；车停在马路边"C"（图中"D"装卸货车辆），影响主干道"F"车辆的畅通。迫使"F"车辆，呈曲线行驶，必然增加行驶（车道）的宽度（图中"E"被认为占有道路面积的典型实例）。

2) 常见把商品移至人行道上来卖，迫使人行道"B"人流受阻，改为到马路上"C"（车行部分）徒步走。显然，也会增加行驶（车道）的宽度（图中"E"）。（被认为人行（人流）占有道路行驶面积的典型实例）。

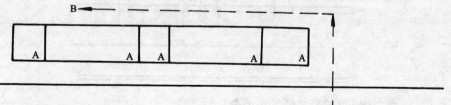

3) 改进方案参考：
在各小商店后面"B"，装卸货（车直接开进去）。这样不占人行道，也不占道路通行车道。
采用夜间装卸货，减少与人、车流的干扰。
善用美国城市区划法有明确的"装卸货"的各项规定。我国城市规划法规，也应补充进去。

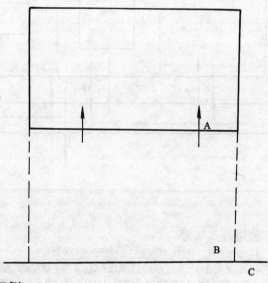

第五例

1) 沿街布置的大超市（"A"），有宽阔的前广场（"B"），由"C"主干道引入人流、车流，处于重复交叉的混乱状态。出现人避车；车避人的状态。很不安全，也不美观。

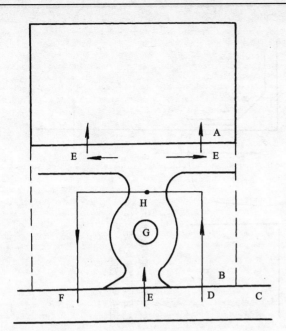

2) 改进方案参考：

对前广场"B"，进行人、车流分开的设计。人流"E"方向入超市，可以布置雕塑、小品"G"；车流（包括停车）由"D"驶入，"F"驶出，并停车。人、车流仅一点"H"交叉，确保人、车流的安全性，又美化环境。

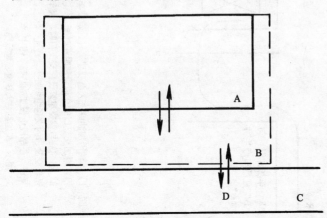

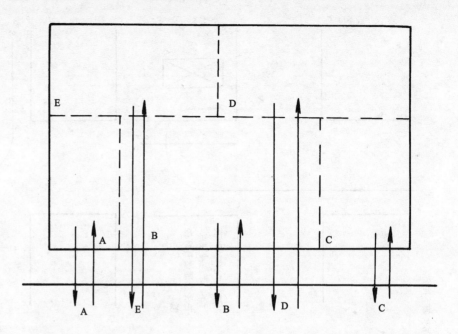

第六例

"A"、"B"、"C"建筑区沿街布置；"E"、"D"建筑区远离街道。

均向街道开口，被认为"出气孔"。有时"E"、"D"要引很深的一条通道。既不合理，也不符合防火安全要求。这种各自开向道路的现象十分普遍。应引起各有关部门的高度重视。

第七例

图示："A"为建筑（退线，符合规划要求），
"B"筑围墙紧贴人行道"C"，并开出入口"D"。

这类例子很常见。实际上，道路人行道"C"人流与"D"进出人、车流面对面接触而产生干扰（"D"进出人流、车流，必在人行道上逗留，开启前门（围墙门）方可入内）。规划部门应作出相应的规定，围墙的砌筑应与人行道"C"有一定的距离，即有一定深度，方可筑围墙。（实际上，不应建围墙，因为退线后的前区域，属公共区域，不属业主）。

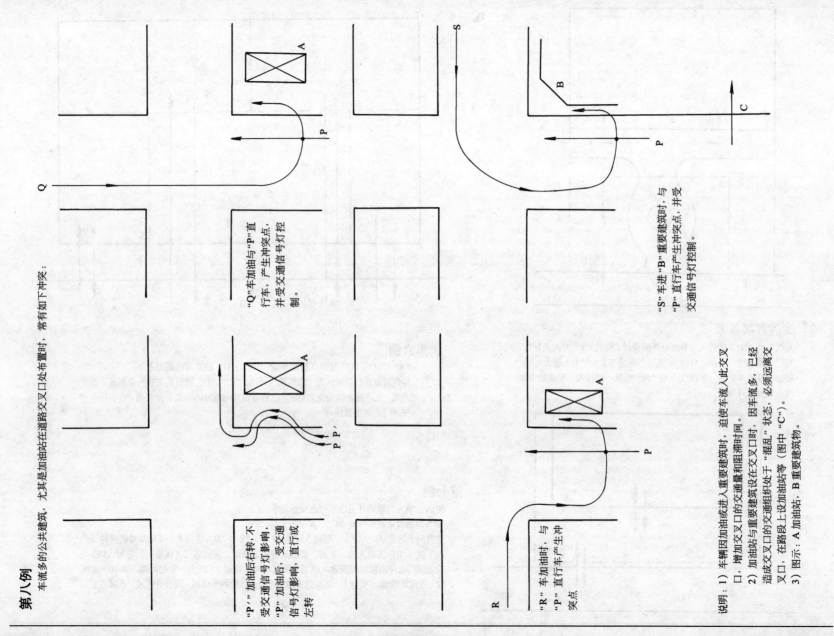

2 建筑门的基本图形

（1）现代建筑门的一般式样

木门，适宜于住宅和其他所有建筑。
1）全木门（一般80cm×200cm（宽×高），单扇门，特殊时门宽为70cm、60cm、40cm）

2）全玻木门（一般80cm×200cm，单扇门，特殊时门宽为70cm、60cm、40cm等）

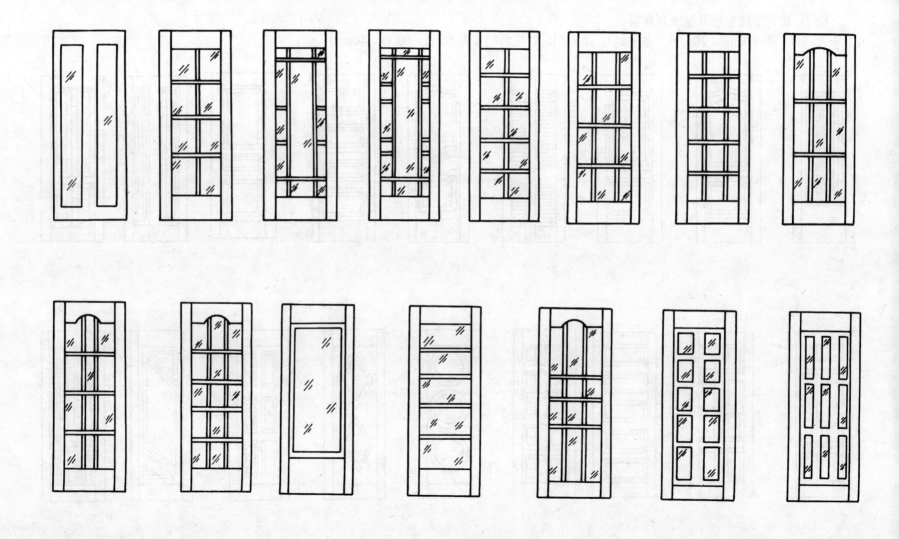

3）半玻木门（一般80cm×200cm，单扇门，特殊时门宽为70cm、60cm、40cm）

4）短槠式门
图示：A－束腰；
　　　B－槠空

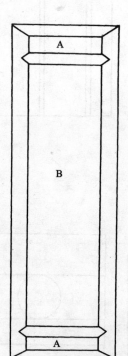

5）长槠式门
图示：A－束腰；
　　　B－槠空；
　　　C－平排

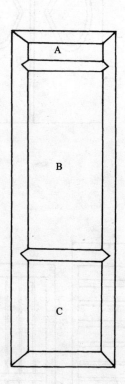

6）双扇自动弹簧门
图示：A－门橙子；B－推梗；C－木砖

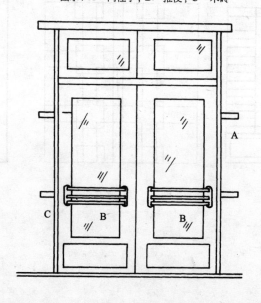

7）厕所门

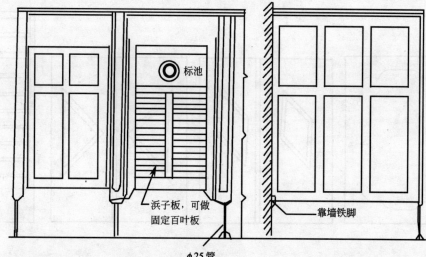

标池

浜子板，可做固定百叶板

φ25管

靠墙铁脚

8）实拼门式样（俄式）　　9）钢制或木制百叶门窗式样（俄式）　　10）规整木门式样（俄式）图(a)~图(k)

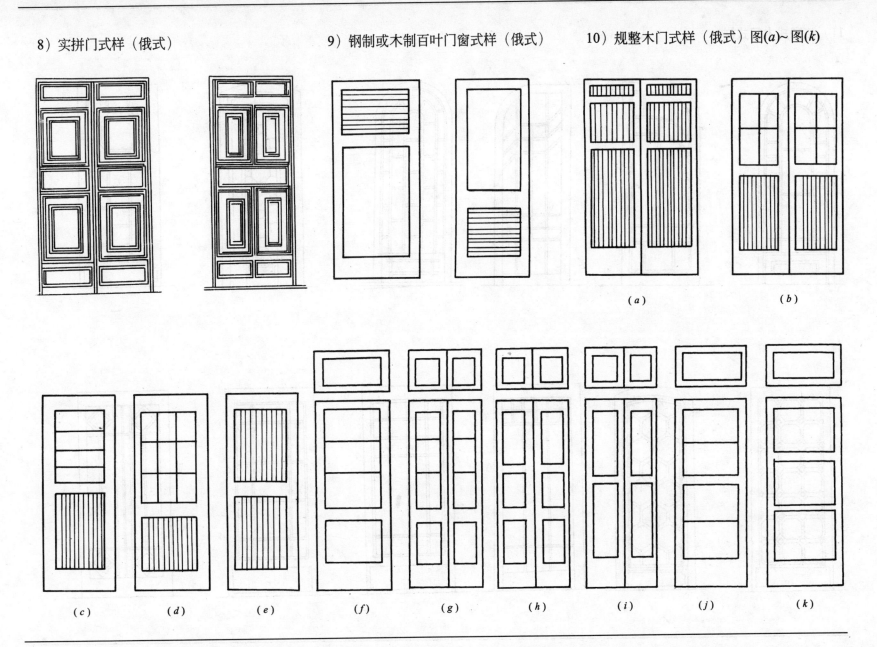

(a)　(b)　(c)　(d)　(e)　(f)　(g)　(h)　(i)　(j)　(k)

11）法国式木门式样

12）荷兰式木门式样

13）有腰窗浜子木门式样（俄式）

14）金属薄片空心门式样
　　一般尺寸：高220cm，宽90cm

15）有腰窗双扇玻璃木浜子门式样

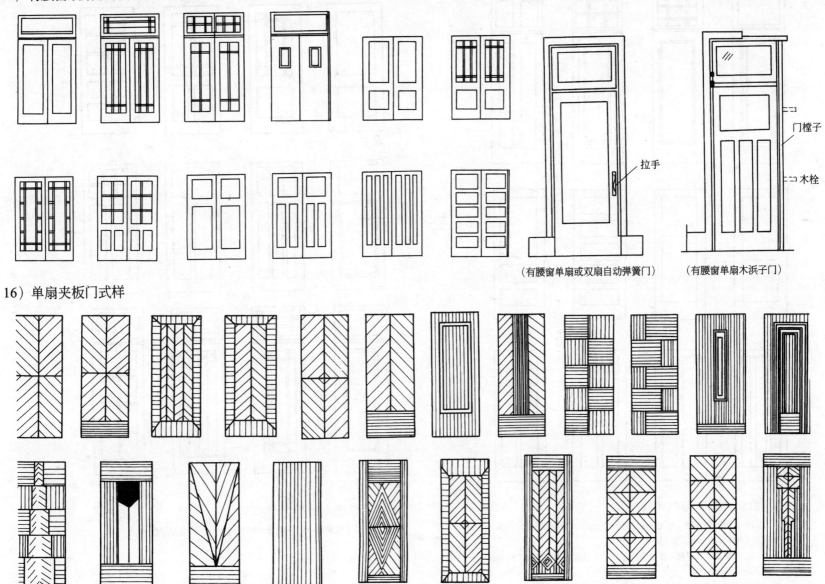

（有腰窗单扇或双扇自动弹簧门）　　（有腰窗单扇木浜子门）

16）单扇夹板门式样

17)单扇木浜子板门式样

(1)采用两种尺寸:厚45mm,高2100mm,宽850mm;厚为50mm,高2000~2700mm,宽750~950mm
(2)有腰窗,其厚度、宽度全门之尺寸。其高度采用两种:550mm;300~1000mm
以上尺寸,仅作参考

18)单扇木玻璃门(典型)

(小块玻璃一般采用薄片即盎司片;大块采用厚白片)

（2）现代建筑门的常用式样（简图）

1）纽西兰大厦（英国，伦敦）

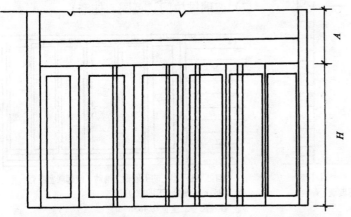

大门用外包电镀氧化铝的钢材制作。参考尺寸：A 365mm；H 2621mm

2）社交总会（英国，伦敦）

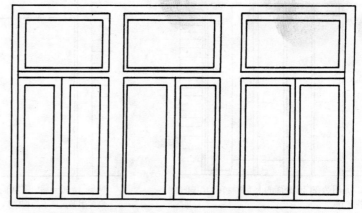

大门用青铜门框，隔扇用表面施涂料的钢框，所有玻璃压条都是硬木的
参考尺寸：全高 3396mm

3）纪念厅（礼堂大门）（英国）

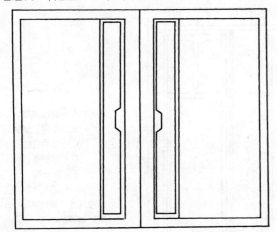

门梃用槽钢，外包辗压成型的铝合金片，有垫衬的饰面皮革条固定在一块细木工板作底层的胶合板上面
参考尺寸：全高 2260mm，至把手中心线高 1188mm

4）弹簧门（医院，英国）

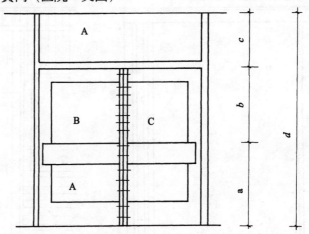

在两扇相遇处的门梃采用钢槽带木芯（图中"C"），可使断面缩到最小，并前后装有手推板。
"A"为 6.35mm 铅丝玻璃板；"B"为 6.35mm 净玻璃板
参考尺寸：d（全高）为 2438mm。其中：a 为 990.2mm；b 为 1041mm；c 为 406.8mm

5）餐厅大门（英国，牛津大学）

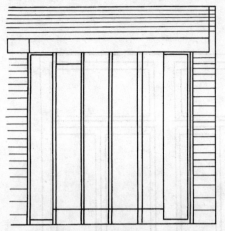

单扇木门是用装在门扇外面的上下枢轴转动而启闭的，故不需要门框

参考尺寸：全高 2032.2mm

6）厨房门（英国，牛津）

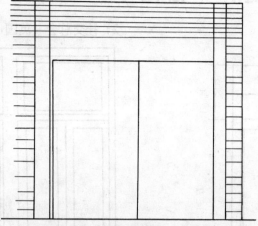

两扇门，每一扇门仅向单方向摇动（保证两个相对方向的服务人员不致相碰）。门很厚，又不用玻璃（青铜贴面），故能隔离厨房的噪声与油污等

参考尺寸：全高 2032.2mm

7）玻璃推拉门（英国，住宅）

推拉门在门槛上的T形钢上滑动。使起居室具有一个3982mm 宽的无阻隔的开口

参考尺寸：全宽 6248.4mm

8）推拉门（伦敦，纽西兰大厦）

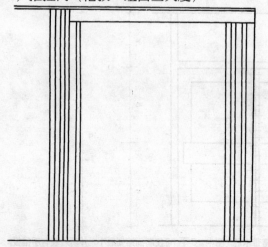

门顶端装有消声用的尼龙刷片；门边有加工精致的通长凹线槽，用来代替拉手；门框内设有暗藏的橡胶碰头，以减轻关门时的振动

9）折叠门（英国，工厂）

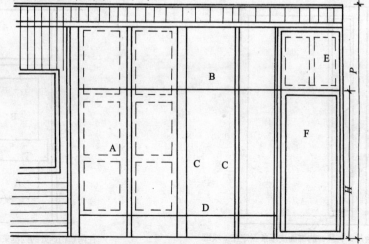

为一组四扇折叠门，木框包镀锌薄钢板，门的一端的主柱固定于门框上，中间及另一端的主柱底部和门的顶部均设有滚动装置，可能滑动

图示：A－背面木框；
　　　B－薄钢板接缝；
　　　C－滑动立柱；
　　　D－踢脚板；
　　　E－胶合板；
　　　F－实拼门外包胶合板；

参考尺寸：H:1981.6mm；P(全高):2917.9mm

- 24 -

10) 折叠门（英国，学校）

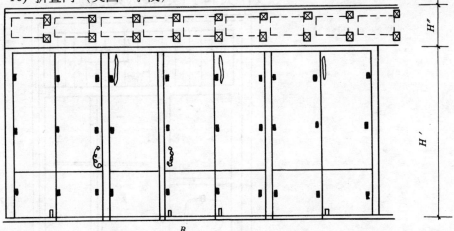

双层门隔声量为40dB；单层门为28dB，用于多功能会堂
参考尺寸：H' 为2660.25mm
H'' 为482.8mm；B 为6172.2mm

11) 隔声门（柏林，音乐厅）

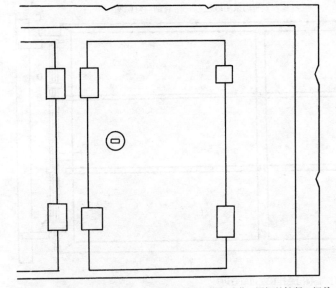

门框及门扇料均由角钢组成。金属构件之间均垫有毛毡，用细丝拧紧。门裁口凹角处粘有橡皮密闭条，保证关门时的安静
参考尺寸：2146.7mm（门高）

12) 折叠门（丹麦，餐厅）

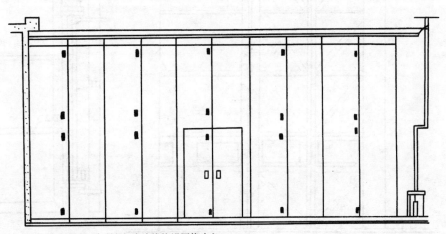

为了减少声响，在所有门扇边缘均设置橡皮条
参考尺寸：全宽8382.4mm；全高3810.4mm

13）飞机库门（英国）

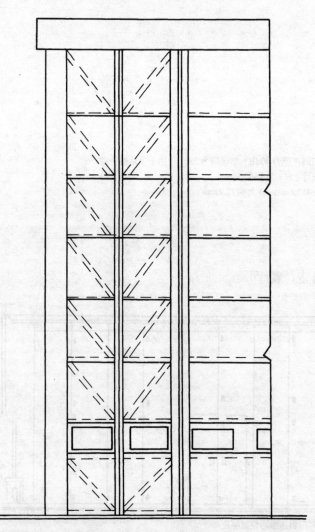

铝合金门，关闭时呈波形，以增加对风力的抵抗。门梃顶部、底部均有滑轮

参考尺寸：全高 13944.6mm

14）太平门（英国，公共礼堂）

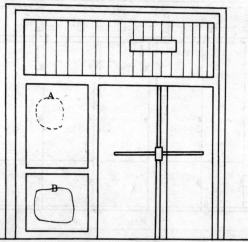

图示："A"为消防皮带；"B"为电暖器。太平门采用绿色，"A"背面有灯照明

15）双用铁门（英国，牲畜市场）

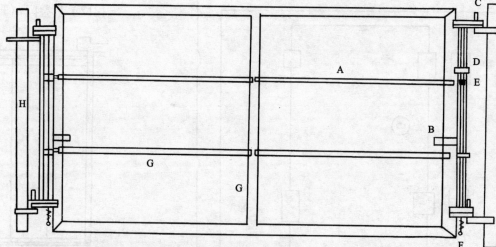

在门的两边均装有活动铰链和把手，可按需将门悬挂在左边或右边。

图示：A—锁杆；B—控制拉手；C—挂栓；D—主要控制杆；E—开有锁槽口的门锁轴柱；F—弹簧；G—内径31.75mm铁管；H—63.5mm 铁挂板

参考尺寸：全宽 2812.85mm；全高 1066.4mm

(3) 现代建筑外门

包括围墙门或栅栏门，德国标准。

1) 建筑门开启部分的最小宽度 (见下表)

门净宽 宽度和高度	人			小汽车				货车	
	1人	1辆自行车	2人	1辆小型车	1辆大型车	2辆小型车	2辆大型车	1辆货车	2辆货车
宽度（mm）	750	1150	1500	2250	3000	4500	5000	3000	6000
高度（mm）	2000	2000	2000	2000	2250	2000	2250	4000	4000

注：栅栏通高有三种：0.8m、0.9~1.0m、1.1~1.5m。

2) 门的开启方式

分为单翼门和双翼门；向里开和向外开；有槽口(企口)和无槽口，图 (a) ~ 图 (h)。

3) 木门（Holztore）,(图示(a)、(b)、(c)）；钢门（Stahltore）,(图示(d)、(e)）

注：钢门指的是铸铁框（Rahmeneisen）

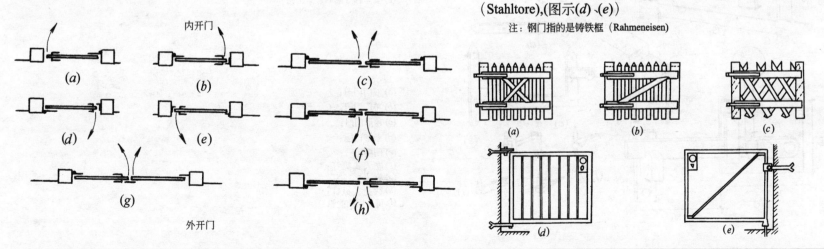

4) 门自动挡板装置（Toranschlag）
单翼门（a）和双翼门（b）

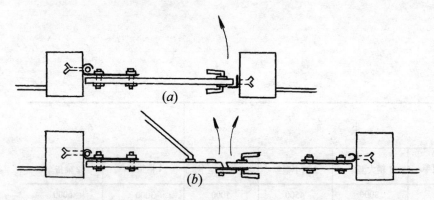

6) 门的铰链（门闩）和扒钉

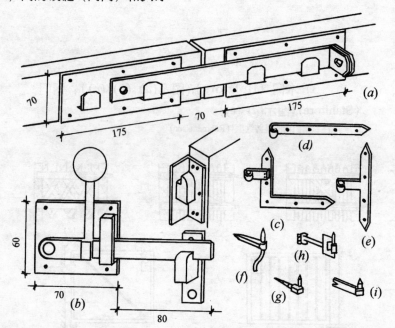

5) 门闩和锁

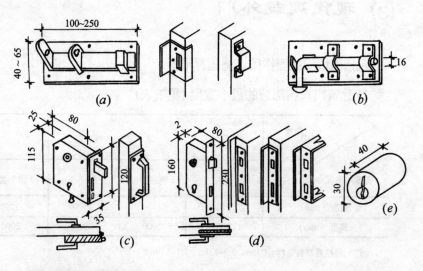

(a) 带挂锁（插锁）的门闩；
(b) 带旋转的螺栓门闩（插锁）；
(c) 带止动挡板的箱形锁；
(d) 紧销锁
(e) 安全锁（圆形，紧销锁）

(a) 双门门闩；
(b) 单门门闩；
(c) 角形门闩；
(d) 条形门闩；
(e) 门中门闩；
(f) 楔入式扒钉；
(g) 旋入式扒钉；
(h) 钻孔式扒钉；
(i) 可入墙内的扒钉

(4) 园林粉墙上常用门式(典型)汇总

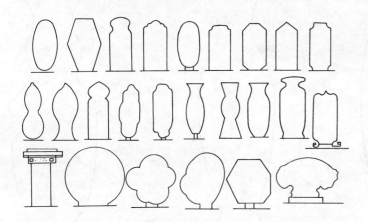

园林粉墙上常用门式(庭院门)

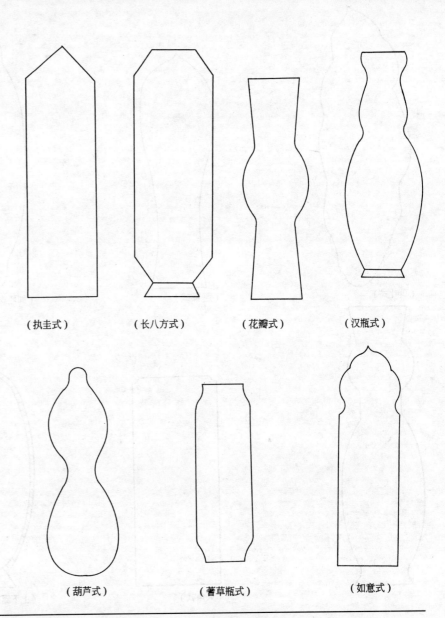

(执圭式) (长八方式) (花瓣式) (汉瓶式)

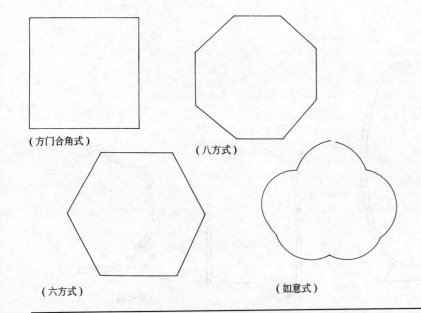

(方门合角式) (八方式)

(六方式) (如意式) (葫芦式) (菁草瓶式) (如意式)

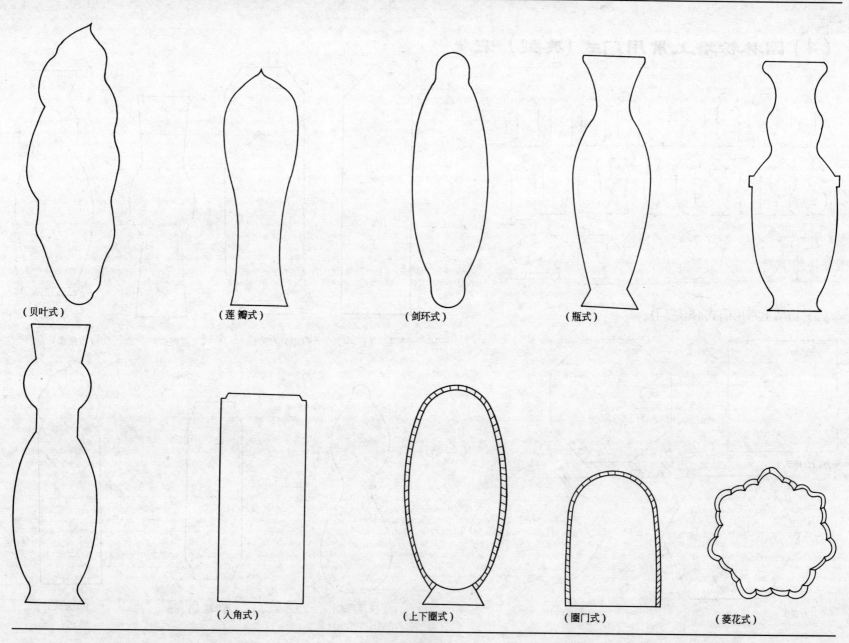

（5）钢门（或钢门与钢窗组合）式样

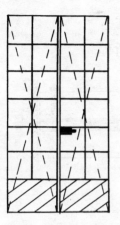  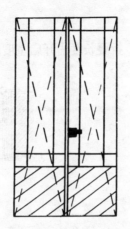 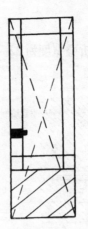 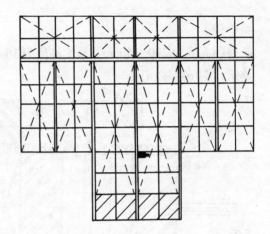

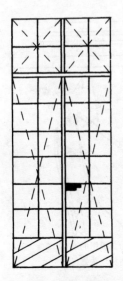 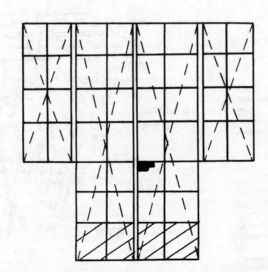 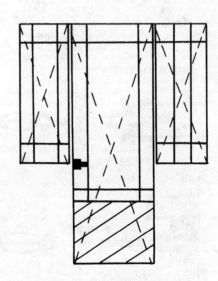

（6）折叠式门

第一例

折叠门高度为200~350cm，最大高度为10 m。折叠宽度为22~45cm，折叠长度占开启宽度的20%~25%，此折叠门适合所有建筑，图(a)~图(d)。

第二例

适合住宅、商店、饭店、旅馆等建筑。宽度86~200cm，最大宽度达400cm；高度210cm，根据需要，可略增高，见图(a)、图(b)。

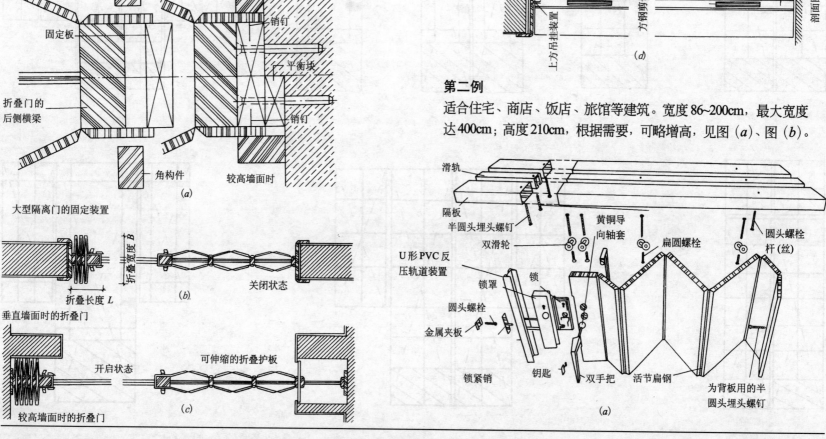

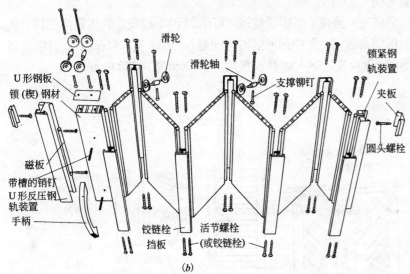

第四例

适合住宅、学校、大学、管理机构、商店、办公楼等建筑。宽度不限，高度至 700cm。

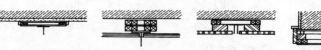

T形 导轨装置、特殊带槽的导轨装置和单巷道的带槽的导轨装置

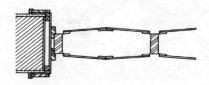

带衬垫套的墙的连接处

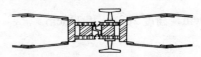

两座侧翼门之间的锁箍（锁楔）

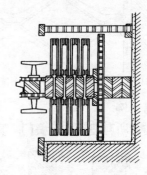

带机龛或前设套筒的装置

第三例

适合所有建筑的折叠门。最大侧宽为348cm，最大高度310cm。

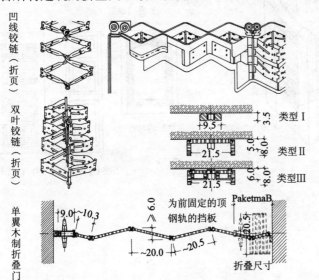

底座的导向装置　　　细槽型　　　销钉导向装置　　　凸起球头型
橡胶轧辊

第五例

适合所有建筑的折叠门。宽度不限,最宽到6m。

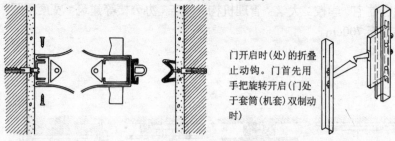

门开启时(处)的折叠止动钩。门首先用手把旋转开启(门处于套筒(机套)双制动时)

一座侧翼的门的闭锁装置。用加销钉的墙固定

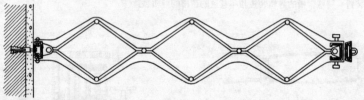

封闭式门,加销钉的墙固定,无顶挡板

第六例

适合所有建筑的折叠门。宽度50~90cm,高度203cm和238cm。

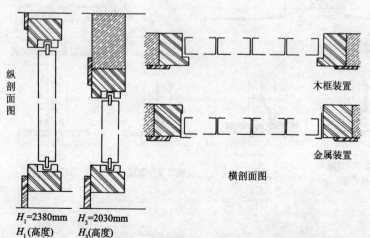

纵剖面图　　木框装置　　金属装置　　横剖面图

H_1=2380mm　H_3=2030mm
H_1(高度)　H_3(高度)

第七例

适合住宅、旅馆、商店等建筑。可供21种不同尺寸的折叠门式样。从橱柜门到屋门,无中间间隔时(间缝),30cm宽,45cm高;有中间间缝时,50cm宽,244cm高;房门,87.0cm宽,200.4cm高。

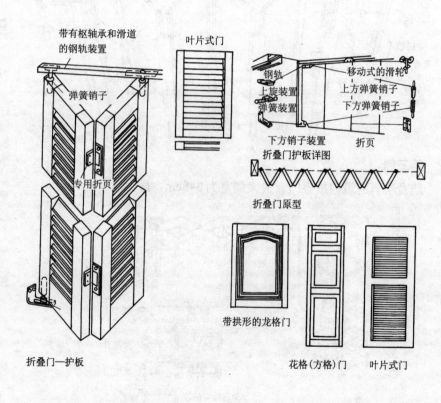

带有枢轴承和滑道的钢轨装置　叶片式门
弹簧销子　钢轨　移动式的滑轮
上旋装置　上方弹簧销子
弹簧装置　下方弹簧销子
专用折页　折页
下方销子装置
折叠门护板详图
折叠门原型
折叠门—护板　带拱形的龙格门　花格(方格)门　叶片式门

（7）防盗门构造

举例如下。

参考尺寸（mm）	1	2	3
洞口宽	870	900	1000
洞口高	1930~1950	2000~2100	2000~2100
门框宽	858	858	949
门框高	1924~2050	1924~2050	1924~2050
门扇宽	770	770	860
门扇高	1860~1980	1860~1980	1860~1980
开门方向	（左右均可开）		

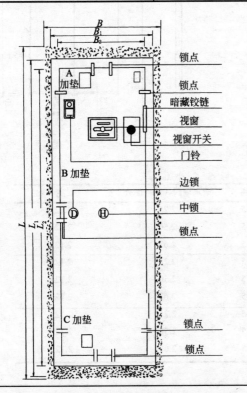

（8）现代停车库的门式样

第一例

适合单个或并列式的车库，钢筋混凝土结构。

全尺寸：长580cm，宽295cm，高239cm和249cm。

墙厚：下部为5cm，上部（圆穹窿）为8cm；层顶厚（包括防水、绝缘等）3~5cm；排水管（PVC管）为ϕ70mm；墙开四窗，顶开两窗。

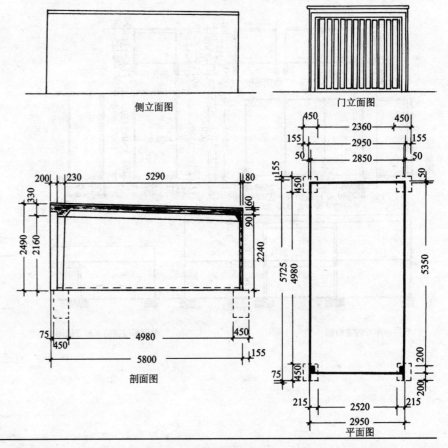

第二例

适合单个或并列停车库，钢筋混凝土墙厚8~10cm；屋面板厚7cm等。

单个车库，长度推荐尺寸550cm、575cm、600cm；宽度推荐尺寸为275cm、287.5cm、300cm、326cm；门的推荐高度212.5cm（一般200cm、225cm、237.5cm、250cm等均可）；车库推荐高度249cm（一般，236.5cm、261.5cm、274cm、286.5cm等均可）。

第三例

适合单个或并列车辆的停车库。墙厚10cm，排水管 ϕ100mm。

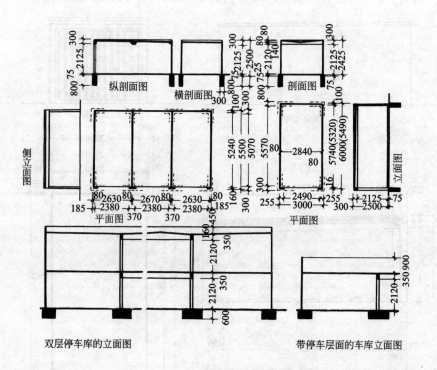

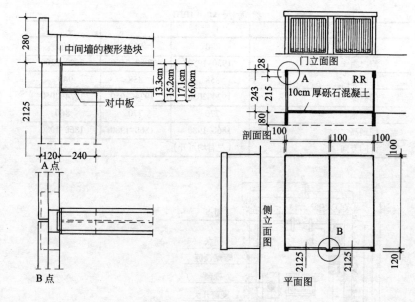

标准尺寸（m）				
宽（内尺寸）	长	全高	清水墙门（开启部分）宽	高
2.53	5.03	2.45	2.25	2.125
2.73	5.03	2.45	2.50	2.125
2.98	5.03	2.45	2.62	2.125
2.53	5.48	2.45	2.25	2.125
2.73	5.48	2.45	2.50	2.125
2.98	5.48	2.45	2.62	2.125
2.53	5.93	2.45	2.25	2.125
2.73	5.93	2.45	2.50	2.125
2.98	5.93	2.45	2.62	2.125

第四例

(1) 适合单个或并列车辆停车的停车库。

并列 10 辆停车，后檐水，选择前进车
平面图

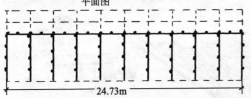

单位：m

长 度		宽（约）		内净高		门（开启）	
内尺寸	外尺寸	内尺寸	外尺寸	前	后	高	宽
4.91	5.09	2.43	2.67	2.27	2.08	1.89	2.12
6.14	6.32	2.43	2.67	2.27	2.04	1.89	2.12
7.37	7.55	2.43	2.67	2.27	2.00	1.89	2.12

侧立面图

—— 5.09m ——　　双车停车　9.99m
—— 6.32m ——　　双车停车　12.44m
—— 7.55m ——

车辆数	车位约宽（m）	车数	车辆数	车位约宽（m）
1	2.67		11	27.18
2	5.13		12	29.63
3	7.58		13	32.08
4	10.03		14	34.53
5	12.48		15	36.98
6	14.93		16	39.43
7	17.38		17	41.88
8	19.83		18	44.33
9	22.28		19	46.76
10	24.73		20	49.23

(2) 适合单个或并列车辆停车的停车库。

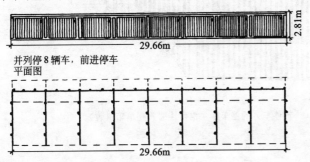

并列停 8 辆车，前进停车
平面图

单位：m

长		宽（约）		净高		门开启尺寸	
内尺寸	外尺寸	内尺寸	外尺寸	前	后	高	宽
4.91	5.09	3.60	3.90	2.27	2.58	2.50	3.33
6.14	6.32	3.60	3.90	2.27	2.54	2.50	3.33
7.37	7.55	3.60	3.90	2.27	2.50	2.50	3.33

侧立面图

—— 5.09m ——　　2.81m 高型停车库适宜商务车、家用
—— 6.32m ——　　车、货车等
—— 7.55m ——

车辆数	车位约宽（m）	车辆数	车位约宽（m）
1	3.90	11	40.70
2	7.58	12	44.38
3	11.26	13	48.06
4	14.94	14	51.74
5	18.62	15	55.42
6	22.30	16	59.10
7	25.98	17	62.78
8	29.66	18	66.46
9	33.34	19	70.14
10	37.02	20	73.82

第五例

适合单个、并列（停车车辆）、地下车库、停车库等。

参考尺寸：长度565cm和605cm；高度250cm和295cm；宽295cm。

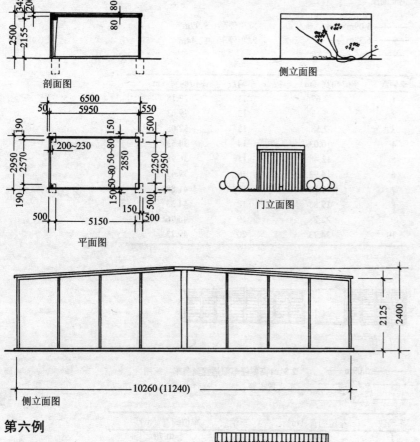

第六例

适合单个、并列（停车车辆）的停车库。

参考尺寸：

长：509cm、558cm

宽：266cm、300cm

高：216cm、245cm

第七例

适合单个、并列（停车车辆）的停车库。用钢结构。

参考尺寸：长：444~590cm；宽：260~297cm；高：210~229cm。

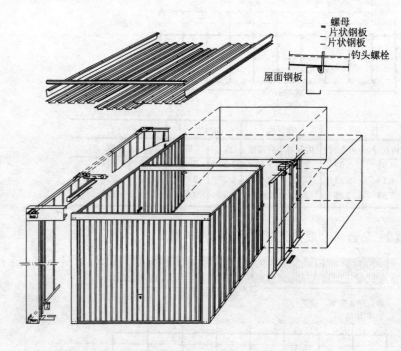

装配式的单箱（一辆停车）的停车库（也可连续并列单箱拼装）

第八例

适合单个、并列（停车车辆）、地下库、停车库等。参考标准尺寸：宽265~350cm（拱部分，宽为280cm）、长为500~650cm；高（最高至）317cm。钢筋混凝土结构。

第九例

适合单个、并列（车辆）的停车库。钢制框架结构（装配式的施工）。

参考尺寸：长：450cm、500cm、550cm、600cm
宽：260cm、270cm、280cm、300cm
高：200cm、210cm

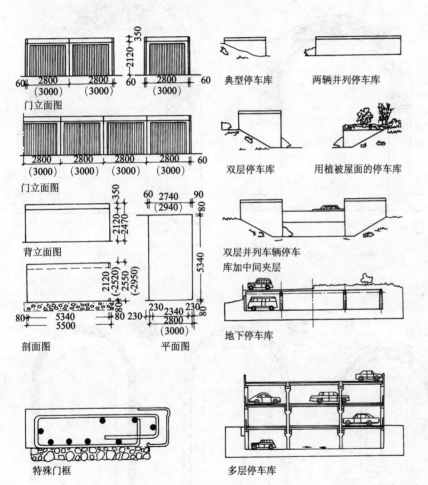

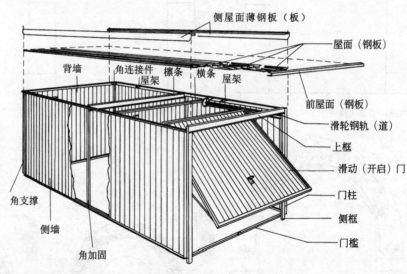

（9）门拱券（中国篇）

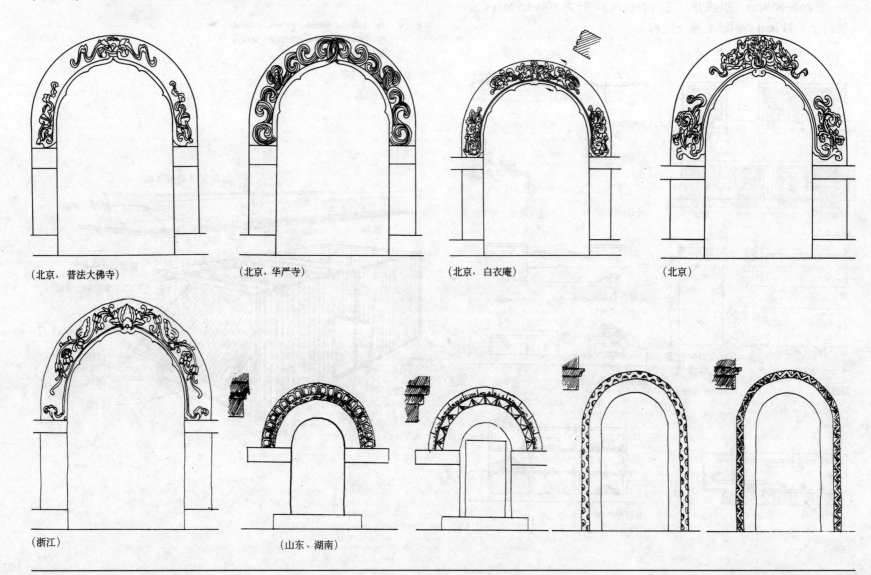

（北京，普法大佛寺）　（北京，华严寺）　（北京，白衣庵）　（北京）

（浙江）　（山东、湖南）

（10）门拱券、叶形拱（外国篇）

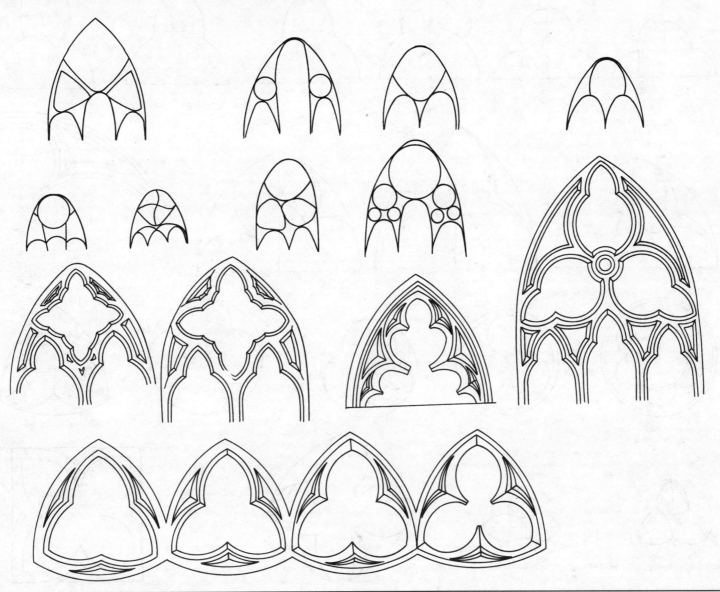

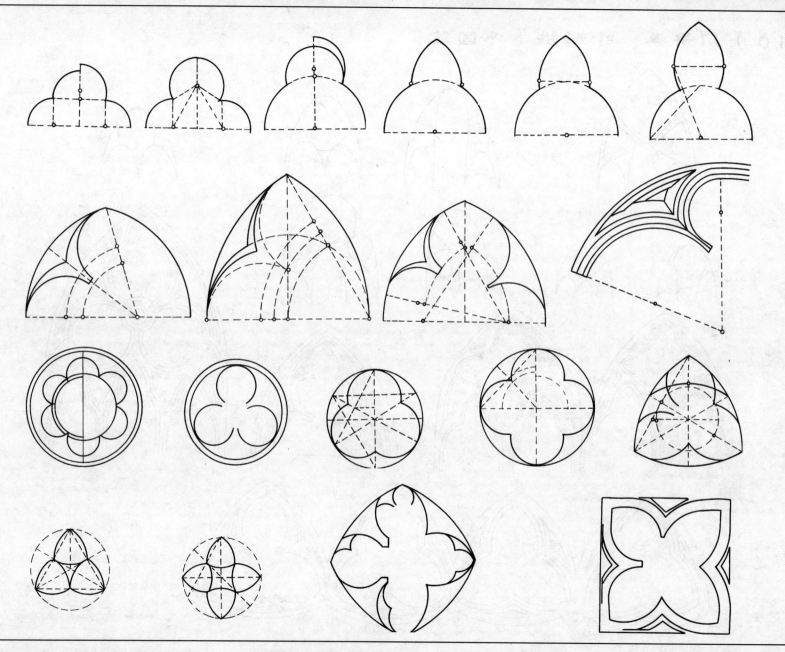

（11）现代建筑门的木纹图案

（12）建筑门写生（钢笔画）

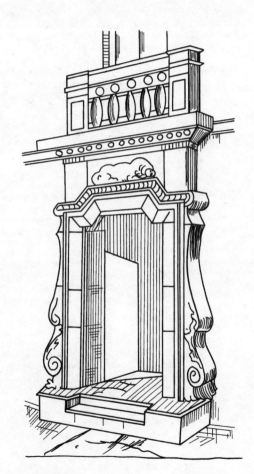

住宅入口门

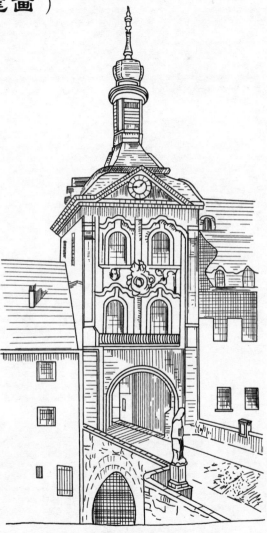

德国，班贝格（Bamberg），市政厅（Rathaus），洞门

肯辛顿（Kensington），公园一角，洞门（类似于"亭"）

3 中外著名古建筑——建筑门的形式与风格

（1）中国古建筑

门式样（汉、南北朝、唐）

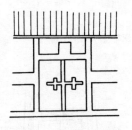

木门
四川彭县画像砖

版门、直棂窗
河南洛阳出土的北魏宁懋石室
（南北朝）

版门
徐州沛县汉墓

石墓门
陕西绥德汉墓

版门及破子棂窗、门窗框四周加线脚，柱头铺作一斗三升，栌斗上出梁头斫作耍头，补间铺作人字栱。登封县会善寺净藏禅师墓塔，盛唐

直棂格子门，唐李思训、江帆楼阁图

乌头门、上段开直棂窗，敦煌石窟、初唐

门式样（宋、辽、金）

易县双塔庵东塔门（金）

涿县普寿寺塔门（辽）

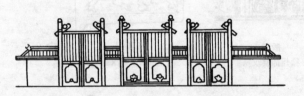

乌头门
金刻宋后土祠图碑

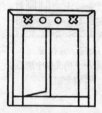

版门
禹县白沙宋墓

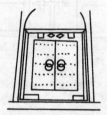

版门
登封少林寺墓塔（金）

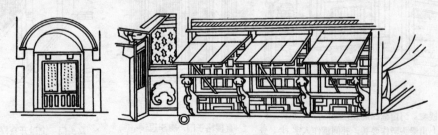

格子门
涿县普寿寺塔（辽）

格门、阑槛钩窗　宋画雪霁江行图

门大样（唐）

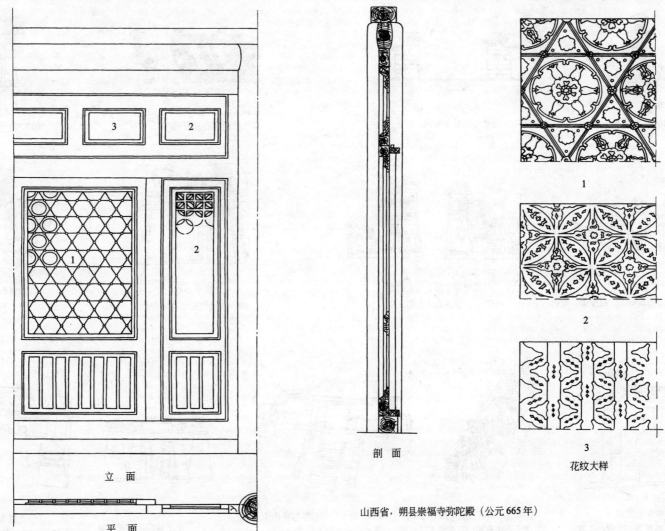

立面

平面

剖面

花纹大样

山西省，朔县崇福寺弥陀殿（公元665年）

阙(门前的两边)

双阙楼阁形
四川庆符县画像砖,汉代

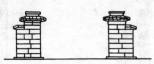

双阙单层有子阙
河南登封县太室阙,汉代

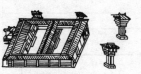

双阙立于宅前及侧面
山东沂南县古墓石刻

双阙立于门前方
四川乐山县第41号崖墓,汉代

双阙立于城门前方
甘肃天水市麦积山石窟第127窟壁画、北魏

双阙有子阙、左右连墙
唐墓出土石雕

双阙中央有门
四川成都市画像砖,汉代

双阙中央有二层门楼
山东沂南县古墓石刻

双阙中央有屋顶
甘肃敦煌县莫高窟第275窟,北魏

双阙凸出于城门前(部分复原)
甘肃天水市麦积山石窟第127窟壁画,北魏

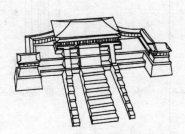

双阙凸出于殿前用廊与殿相连
陕西西安市唐大明宫含元殿
(据文献及发掘平面复原)

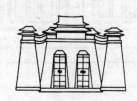

双阙凸 出于城门前用廊与城
楼连接河南禹县石幢,北宋

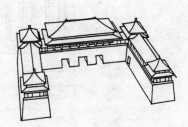

北京市故宫午门
两侧凸出用廊庑连接是阙的形式的最
后残余

门楣石刻（汉代）

S 纹　陕西绥德汉墓门框石刻

三角纹　陕西绥德汉墓门框石刻

菱形编环纹　陕西绥德汉墓门楣石刻

陕西绥德汉墓门楣

陕西绥德汉墓左室门框石刻

卷草　陕西绥德汉墓门框石刻

卷草　陕西绥德汉墓门楣石刻

卷草　陕西绥德汉墓门框石刻

寺庙大殿正门设置与建筑外形设计的比例关系

1）佛光寺大殿（山西省、五台县）

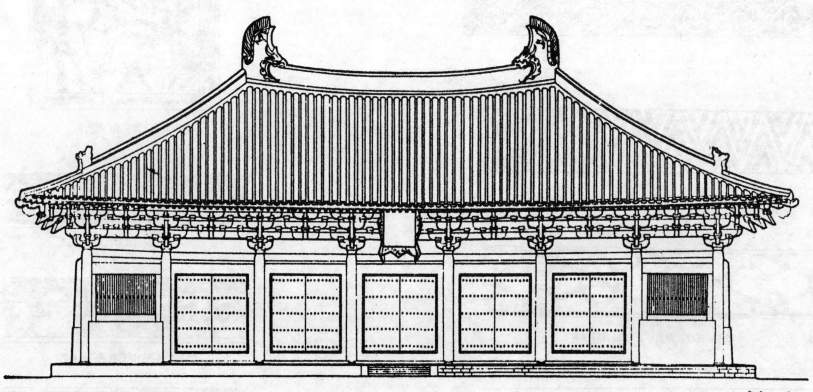

建于北魏（公元471年）。横向全展开式布置门与窗。
大殿面阔七间，全宽40m，其中门占30m/5门（10m/2窗），门横向占75%。
大殿中心高15m（1门高3.8m,宽4m），门纵向占25%。

2）独乐寺（天津、蓟县）

　　山门建于辽（公元980年）。横向全展式布置门与窗。

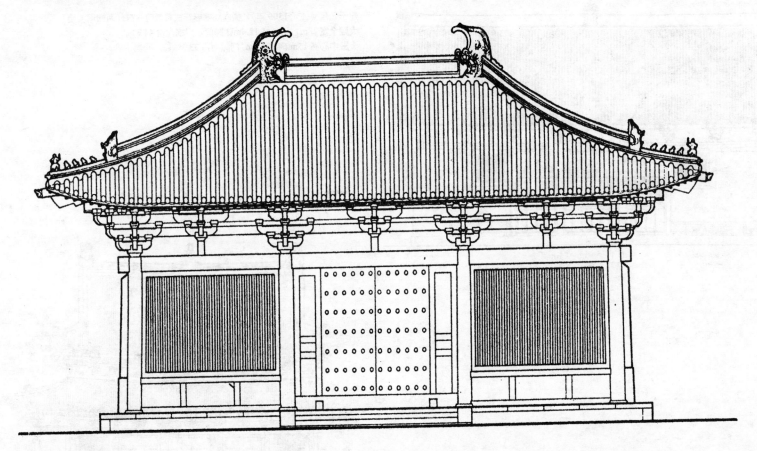

大殿面阔三间，全宽22.6m，其中门每门占6.5m，门横向占28.8%
大殿中心高10.6m，其中门高4.0m，门纵向占37.7%

3）广胜下寺大殿（山西省、洪洞县）

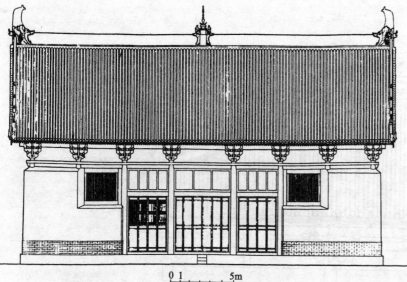

建于元代（公元1309年）。横向局部展开式布置门与窗（两端用实墙）。
大殿全宽28m，门全宽12.4m/3跨门，门横向占44.3%；
大殿中心高15m，门高5.0m，门纵向占33.3%。

4）晋祠圣母殿（山西省、太原市）

建于北宋（公元1023年）。面阔七间，进深六间，横向局部展开式布置门与窗（两端为走廊）

大殿全宽25m（附走廊），其中门占16m/3跨门，门横向占64%

大殿中心高16.5m，门高4.2m，门纵向占25.4%

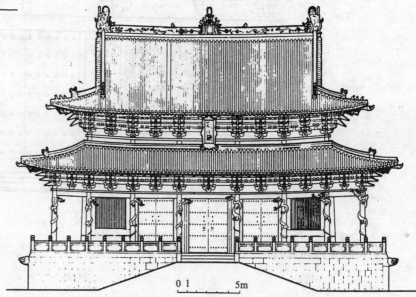

- 56 -

5）永乐宫三清殿（山西省、永济县）

建于元代（公元1262年）。横向局部展开式布置门（两端布置走廊）
大殿面阔七间，全宽31m，其中门20.6m/5跨门，门横向占66.5%
大殿中心高15cm，其中门高5m，门纵向占33.3%

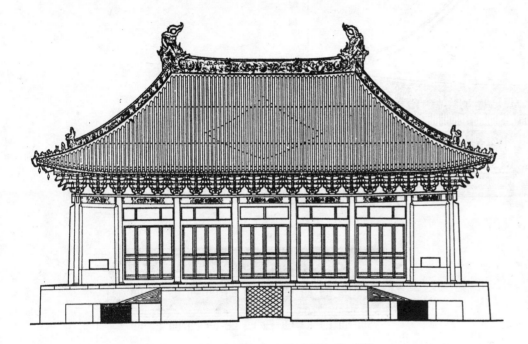

建筑外形设计中的塔门设置

典型实例两种：
(1) 西安，大雁塔，正中纵向（对称型）布置塔门（见照片实录）
(2) （福建省）泉州市，开元寺仁寿塔，横向、纵向全错位式布置塔门

四斜毬文格子门的应用（宋《营造法式》立面处理）

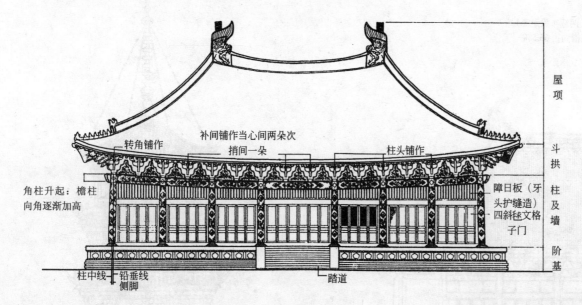

建筑门的形式与风格

1）前门，北京

明代（公元1412年）建。高42m，面阔七间，下层为涂朱砖墙，明间与山面为实踏大门一座（上层为菱花格隔扇门窗）。

2）安定门。北京

位于内城北侧，木结构。安定门坐落在城墙上（底层平面采用一种门柱廊呈长方形环绕一周），公元1421年建。

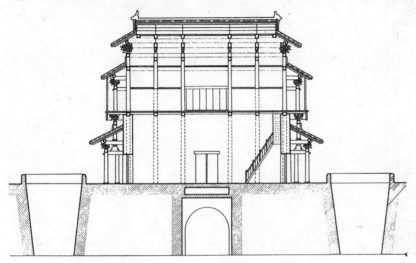

3）北京，居庸关云台门

1345年（元代）建。

全高11.5m（门高9.2m,占80%）；横宽29m（门宽10m,占35%）。

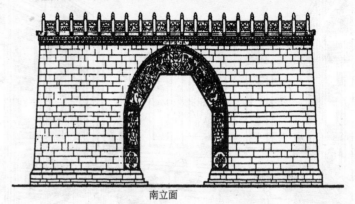

南立面

4）总墩台（虎头墩）

山西省偏关县。明代建。

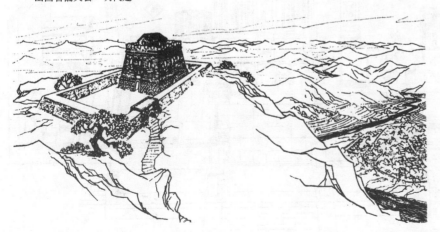

5）新疆维吾尔族自治区，喀什市

阿巴伙加玛札主墓正门。

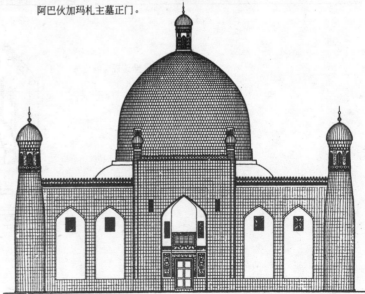

6) 清代住宅明间与次间的隔门布置图（a）～图（d），供现代建筑参考，不一定用墙作隔断。

（a）明间看次间

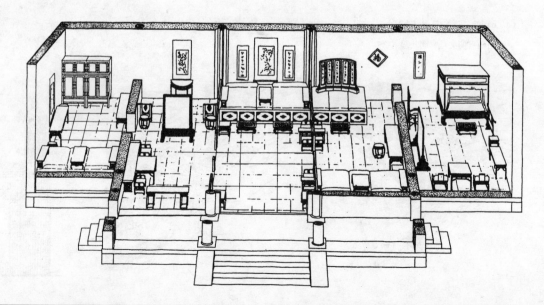

（b）全透视（内空间）

(c) 次间看明间

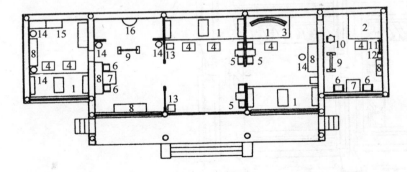

(d) 平面布置
1—炕；2—床；3—炕屏；4—脚踏；5——几二椅；6—椅；7—方桌；8—长桌；9—穿衣镜；10—脸盆架；11—衣架；12—茶几；13—方凳；14—圆凳；15—立柜；16—半圆桌

（2）国外著名古建筑

希腊，墨西拿（Messene）阿卡迪拉城堡（Enceinte fortifier）
建于公元前4世纪初。有瞭望楼（16m高）。城墙高12.5m，门净尺寸为4m×4m

希腊，佩加（Perge），潘费利恩城门（Pamphylia）

即纪念性城门（Stadttor），属罗马式的凯旋门。门左、右立望楼（圆形），高24m，突前；城墙高9m，门高6.5m，宽5m，有炮眼窗（射击口），全为实墙

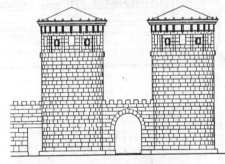

阿尔及利亚，提姆加德（Timgad），图拉克三跨凯旋门

建于公元100年，提姆加德城在起迄点和交叉口均设凯旋门；中跨运车；两侧跨为行人道

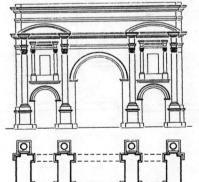

埃及，底比斯（Thebes），麦迪内特—哈巴（Medinet Habu），拉梅索斯王三世神庙（Rameses III）。

始建于公元前 1175 年，它由一个低围墙和一个高围墙的双围墙组成。外墙 10m 厚，18m 高。双围墙各开一个石柱大门

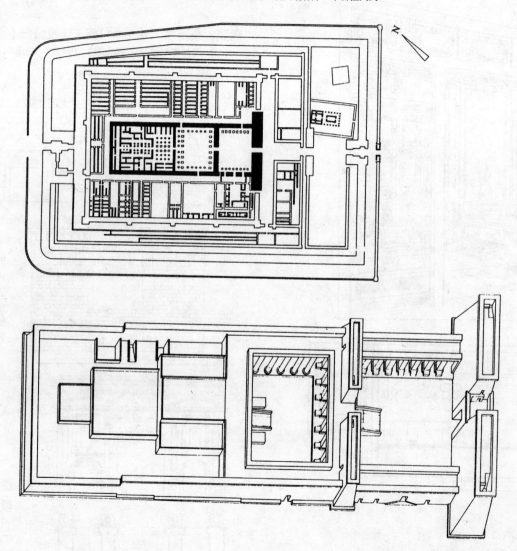

神庙前设一大型塔形门,即双塔式门,宽70m,高为24m。通过塔形门进内院(见图中"B"),通过两道塔形门进二内院(见图中"C"),
注:A为大型塔形门;D为多柱式内殿

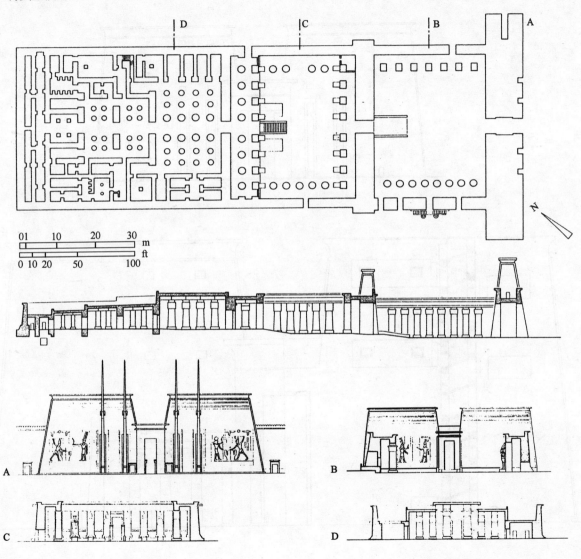

埃及，埃德富（Edfu），大神庙

是霍鲁斯王（Horus)的神庙，始建于公元前237年。神庙长140m，有一个36m高的塔形门（Great Pylon)，内设房间。在门墙上，竖向做成四个凹槽，嵌入四个标杆，依附塔式门左右各两个，呈对称型布置

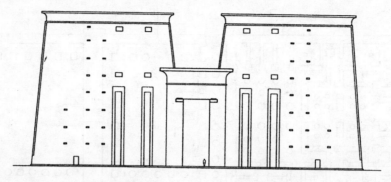

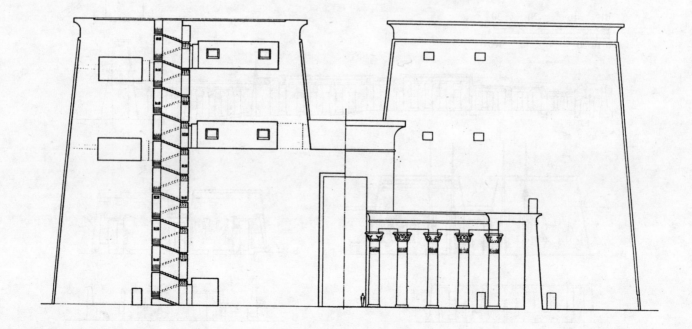

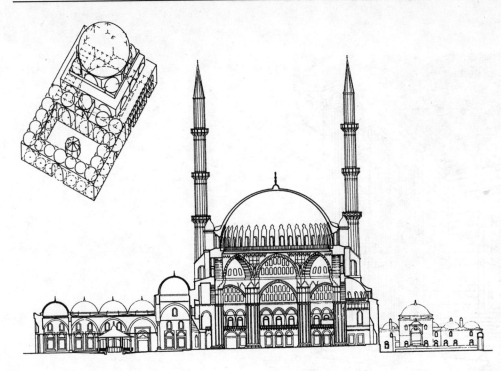

土耳其，埃迪尔内 (Edirne)，赛利米耶清真寺 (Selimiye or Selim) 正门

始建于公元 1569 年，直径为 43m 的大穹顶

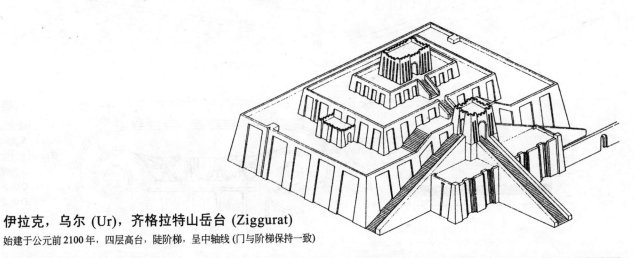

伊拉克，乌尔 (Ur)，齐格拉特山岳台 (Ziggurat)

始建于公元前 2100 年，四层高台，陡阶梯，呈中轴线 (门与阶梯保持一致)

A

B

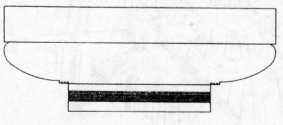

C

D

希腊神庙 (The Greek Temple)

建于公元前 500 年

A 为阿拉亚神庙 (Aphaea)，埃吉纳 (Aegina)，多立克 (Doric) 柱 (柱式稳重，粗壮有力，开间较小) 与主入口门。

B 为佩斯图姆 (Paestum)，阿特纳神庙 (Athena) 的内门。

C 为多立克 (Doric) 柱头 (刚挺又倒立的圆锥台)。

D 为爱奥尼 (Ionic) 柱头 (有涡旋饰和圆突形线脚装饰线条)。

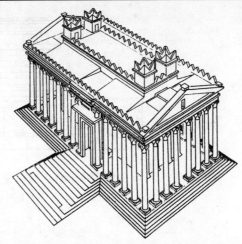

叙利亚，巴尔米拉 (Palmyra)，贝尔神庙 (Bel)

公元 14 年建

泰比里厄斯王 (Tiberius) 统治时期建，仅设一正门，由大型阶梯入殿

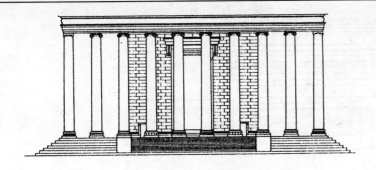

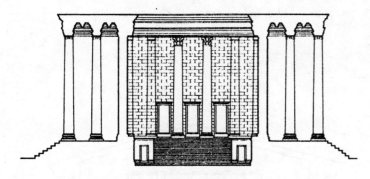

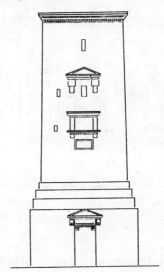

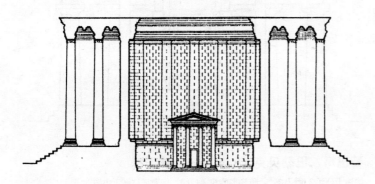

希腊，迪迪拉 (Didyma)，阿波罗神庙 (Apollo)

始建于公元前 3 世纪

叙利亚，巴尔米拉 (Palmyra)，伊埃姆布利丘斯 (Lamblichus) 塔形陵墓主门

始建于公元 14 年

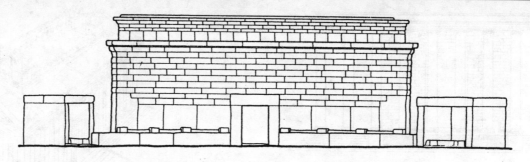

马尔他 (Malta),塔尔克西恩 (Tarxien),巨石 (独石) 神庙

始建于公元前 2100 年。米格利斯 (Megalith) 巨石神庙,主体宽 25m,高 10m,门全宽 4m (占全宽的 16%);门全高 4m (占全高的 40%)

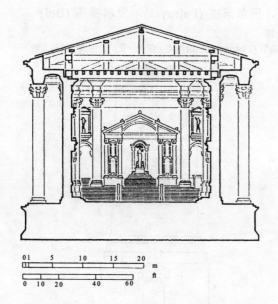

意大利,佩斯图姆 (Paestum),赫拉·阿特纳神庙 (Temple of Hera Argiva) 主门

始建于公元前 430 年,神庙外尺寸 24.31m×59.93m,内殿 28m×11m

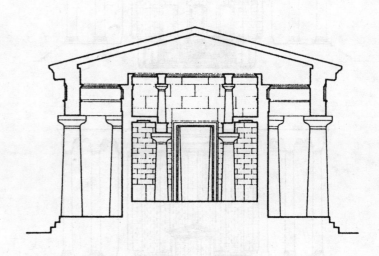

黎巴嫩,巴勒贝克 (Baalbek),神庙群

始建于公元 2 世纪中叶。阶梯形的东入口门,经双环柱廊入内殿

黎巴嫩，巴勒贝克 (Baalbek)，巴克斯神庙 (Bacchus)

宽敞的阶梯形入口门，经双环柱廊入内殿

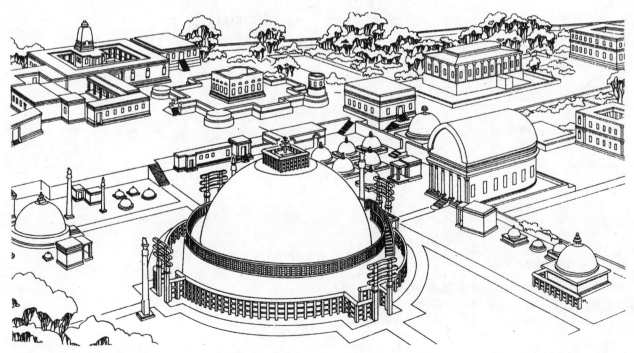

中印度，桑奇 (Sanchi)，桑奇神庙 (Sanchi monastery)

始建于公元前273年。半球体，直径为32m，12.8m高；台基高4.3m（直径为36m），每面朝正方向各开一门，门高10m，石制栏杆沿四周围以一个圆形（高为3.13m），顶有一亭。(a)、(b)、(c)、(d)、(e)

(a)

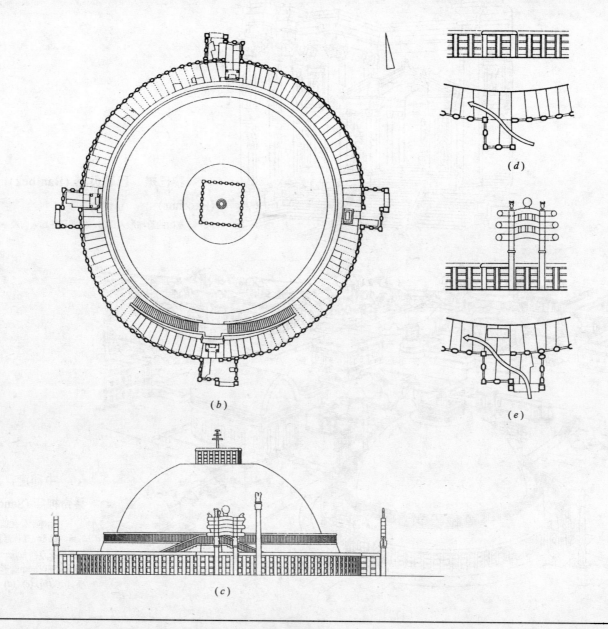

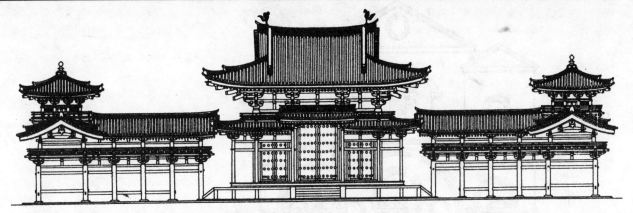

日本，京都，宇治，平等院凤凰堂主入口（门）

始建于公元1053年。面阔三间，深两间（10.3m×7.9m）。四周加一圈廊子（正五间，侧四间），形成腰檐，腰檐的中央一间升高，突出正门，造成了形体上的变化

(a) 立面　　　　　　　　　　(b) 剖面

北叙利亚，斯蒂科特斯要塞（Stylites），圣·西米恩修道院（St.Simeon）主门

始建于公元460年 (a)、(b)，全长100m

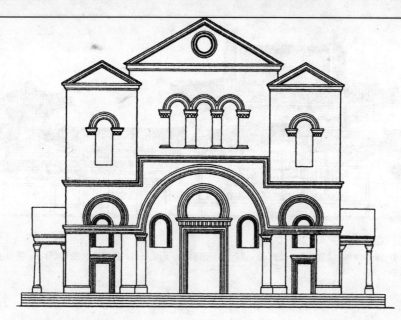

叙利亚，鲁埃哈（Roueiha），比佐斯教堂（Bizzos）正门

始建于公元6世纪

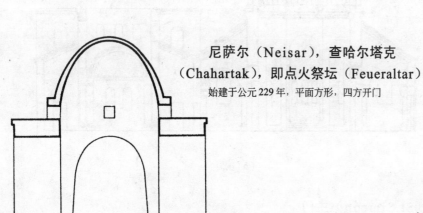

尼萨尔（Neisar），查哈尔塔克（Chahartak），即点火祭坛（Feueraltar）

始建于公元229年，平面方形，四方开门

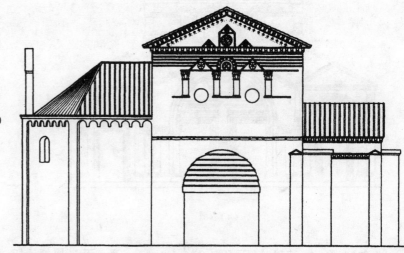

法国，普瓦蒂埃（Poitiers），圣·让（St.Jean）浸礼教的洗礼堂

始建于公元4世纪中叶，侧立面，拱形门入口

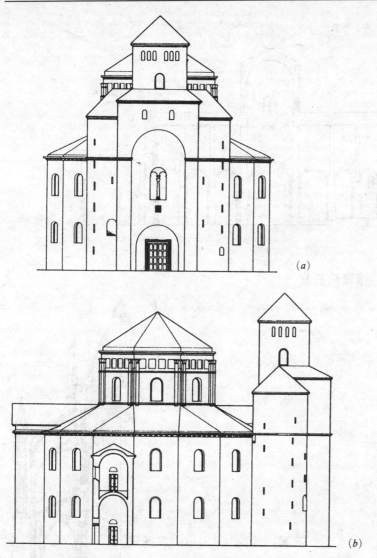

德国，亚琛（Aachen），行宫小教堂（Pfalzkapelle）

中世纪德帝，始建于公元777年，建筑物呈对称型，门居中。(a)、(b)

图 (a) 为北立面；

图 (b) 为西立面

法国，巴黎（Paris），圣·查佩尔（Sainte-Chapel）教堂

始建于公元1245年，哥特式尖拱券门

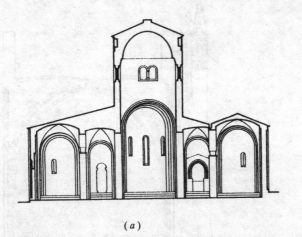
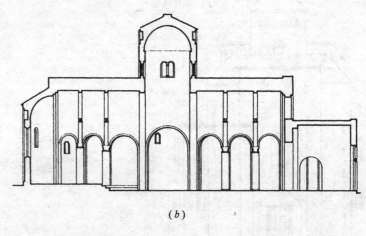

(a) (b)

意大利，波尔图纳沃（Portonovo），圣·玛丽娅（S.Maria）修道院教堂

剖面图见（a）、（b）

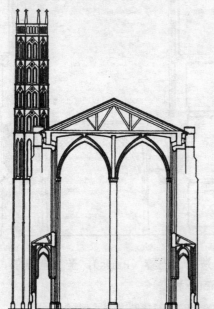

法国，图卢兹（Toulouse），雅各比教堂（Jacobin church）

始建于公元1260年，尖拱（券）门

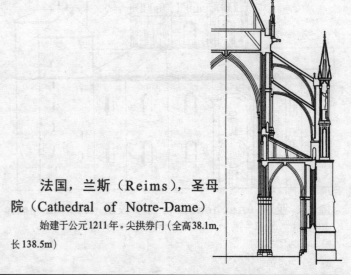

法国，兰斯（Reims），圣母院（Cathedral of Notre-Dame）

始建于公元1211年。尖拱券门（全高38.1m，长138.5m）

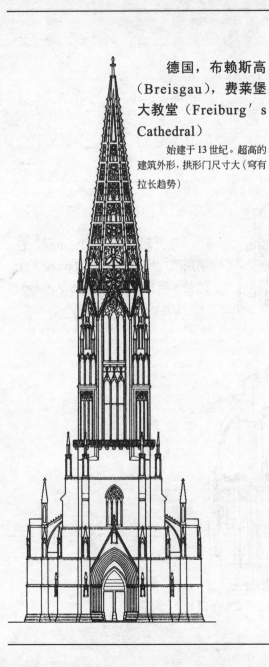

德国，布赖斯高（Breisgau），费莱堡大教堂（Freiburg′s Cathedral）

始建于13世纪。超高的建筑外形，拱形门尺寸大（穹有拉长趋势）

法国，波末（Beauvais），圣·皮埃尔教堂（Cathedral of St. Pierre）

始建于公元1247年。五道走廊，哥特式尖拱（券）门，中殿高48m，全高153m

(b)

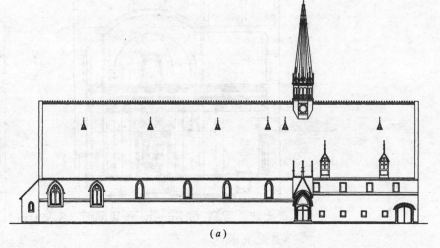

法国，博恩（Beaune），霍特尔—迪尤慈惠院（Hôtel-Dieu）正门 (a)、(b)

始建于公元1443年

(a)

意大利，佛罗伦萨（Florence），圣克洛斯（S.Croce），派齐小教堂（Pazzi Chapel）

始建于公元1430年

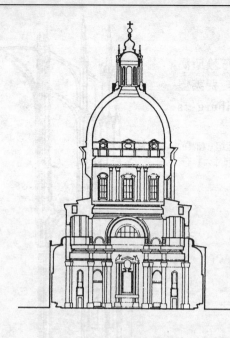

意大利，罗马（Rome），在纳沃那广场（Piazza Navona）上的圣·阿格尼斯教堂（S.Agnese）

始建于公元1652年

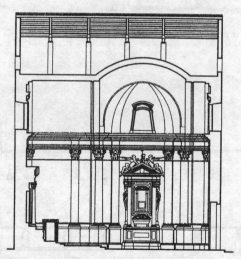

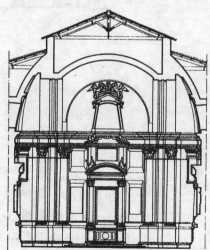

意大利，罗马（Rome），圣玛丽亚（S.Maria），斯福策小教堂（Sforza Chapel）

始建于公元1564年

西班牙，萨拉曼卡（Salamanca），拉克勒利西娅教堂（La Clerecia church）

门尺寸相对缩小，穹式样丰富，堂皇庄严、宏伟壮观

墨西哥，特波佐特拉恩（Tepotzotlán）教堂中的洛雷多小教堂（Loreto-kapelle）

建于公元1733年，门相对宽广

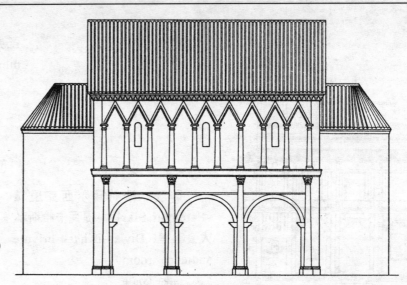

德国，洛尔斯门厅（Lorsch, Torhalle）

始建于公元770年，罗马帝国建筑形式的启示

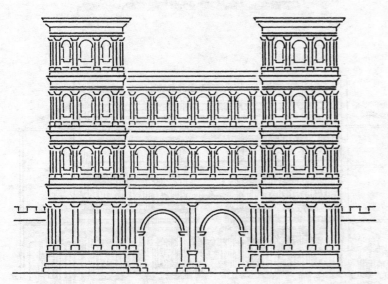

意大利，罗马（Rome），载克利提乌姆公共温泉浴场（Thermae of Diocletion）

公元298年建。主体244m×144m，前设商店。双拱券门，浴池（61m×24.4m）

意大利，罗马（Rome），大圆形演技场（大角斗场）(Colosseum)

弗拉维安圆形露天剧场，拱券大门，始建于公元75年。外尺寸180m×150m（表演区86m×54m,60排座位），高48.5m。四层，下三层，每层80个券柱式拱门（出入口），四层为实墙

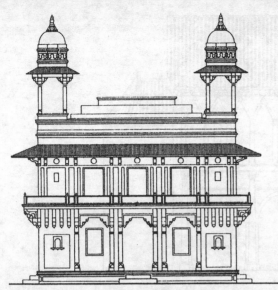

印度，法特普尔西克里城（Fatehpur Sikri），提瓦卡哈斯私人会客室（Diwan-iKhas, private audience room）

始建于1570年

玻利维亚，拉巴斯（La Paz），圣弗朗西斯科修道院（S.Francisco monastery church）

三面纵向走廊，建于1772年

意大利，佛罗伦萨（Florence），劳伦提娅恩图书馆（Laurentian Library）

始建于公元1524年

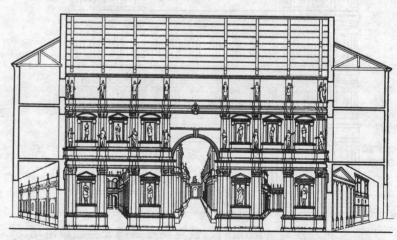

意大利，维琴察（Vicenza），奥林匹克剧场（Olympic Theatre）

建于公元16世纪中叶，5个进口（入口立面设有壁龛）

4 人与门之间的亲和性——门前活动

巴黎（Paris），街头酒吧

欧洲各城市常把少量餐桌移至门外，供客人用餐、休闲、观赏街景等

北京，德式农夫之家餐厅（Bauernstube）

店主站门前，请客人来此店用餐

陕北，延川民居

我国广大农村，均在门前内院活动。如：做家务、农务、学生做功课、会客、休闲等

此民居，门缩进，有雨罩，便于下雨时户外活动

阿布·辛贝勒大庙（埃及）
护门人（手持金钥匙）

葡萄牙，奥比多斯中世纪古城，安静的小城
钟声响了，迎来了门前新娘，使小城热闹起来

卡纳克神殿（埃及）
大门前的观赏人群

曼谷，皇后花园酒店
餐厅门前

里斯本（葡萄牙）
阳台门前晒衣物等，在香港、广东、上海等地常见。现在上海此种现象少多了

北京
五福茶艺馆推拉门前

梵蒂冈，教皇皇宫门前
　　护门卫士

正乙祠戏楼（北京）
　　门前孩子们

浙江省，武义民居门前
　　坐坐聊天

芬兰
圣诞老人站在门前

陕北民居
门前坐坐聊天

越南，河内
寺庙门前休息

拉萨（西藏）
庙门口的老喇嘛

文莱
身着束腰裙，头戴无边帽的男孩子们站在门前

西藏寺庙
门前的喇嘛

西藏
民居门前小扎西

巴比伦遗址（伊拉克）门前
卖纪念品的商人

老挝，琅勃拉邦（Luang Prabang）即"銮佛邦"
寺庙门前的喇嘛

伦敦，诺丁山小店

门前店主

西藏格尔登寺

在寺庙门前，跳神巫术艺术活动

库斯科太阳神庙（秘鲁）

穿着"印加"民族的服饰站在神庙门前

上海

第八届中国国际建筑、装饰展览会，开幕式在门前举行

苏州，西洞庭山东村，民居（明、清时代）

坐堂内，透过内门、外门观外景

北京，胡同

门前两位老人，各坐一方

红螺寺（The Hongluo Temple），北京
始建于公元348年。寺山门前的僧人

丽江古城，酒店和客栈
移门外台阶平台处用餐、交谈和休闲

丽江古城，纳西族民居
内院十分清洁和讲究。老少坐在门槛上
内院地面，用石子拼成的图案称"四蝠圆寿"

上海，里弄民居

　　门前清洗等活动，一般前门不开，后门开，入后门内，布置厨房等房

上海，青浦淀山湖畔，大观园游览区（The Garden of Grand View Resort）

　　占地8hm²，建筑面积8000m²。"省亲别墅"门前，挤满着观赏人群

玉皇殿门前

　　道教（Taoism）的道士练功

西藏

大昭寺门前的佛教信徒们

陕北窑洞 (Cave Dwellings of Northern Shanxi)

门前合影

西藏

寺庙门前劳动

法国

总统府卫兵

河北省，井陉县石头村农舍

收工回家门

英国，伦敦 (London)，唐宁街 10 号——英国首相府

王室人员在门前留念

陕北，窑洞民居

门前节日活动

河北省，遵化，清东陵

清祖陵祭祀，每年大祭四次：清明、中元（农历七月十五）、冬至、岁末，俗称"四大祭"。现节假日，常仿清祖陵祭祀

土耳其，伊斯坦布尔（Istanbul）

身穿传统服装的土耳其少女在门前

5 建筑主门应有明显的入口标志

人们常常为了找门，花去许多宝贵的时间与精力，因此，建筑主门应有明显的入口标志。

有明显的入口标志(a)、(b)、(c)

(a)

(b)

无明显的入口标志(需要花时间找门)

(c)

6 洞门起框景作用——具有引人入胜的效果

法国，巴黎（Paris），埃菲尔铁塔（Eiffel Tower）

底部宽阔，框景效果十分明显

德国，汉堡（Hamburg）

教堂门遗址，起框景作用

德国，慕尼黑（München）

从洞门看市中心玛林广场，获得良好的"引人入胜"的效果

7 在城市道路交叉口转角处开门

50~60年前，特大城市的商业建筑为了吸引顾客，常在道路交叉口、拐角处开门，造成在道路交叉口的人流斜穿马路产生危险。那时的人、车流均很少，并缺乏城市规划科学知识可以理解，现在人、车流不断增加，人流斜穿马路会与车流产生多点（区域性）冲突点，故必须避免。

上海，新世界城

上海，先施公司

天津，渤海大厦

已经改在路段上开门（避开道路交叉口转角处开门），现在十分奇怪，"好利来"商店又在转角处开门（见斜穿马路人流）

柬埔寨，金边

8 国门的形式与风格

中国，长城 (The Great Wall)

具有两千年历史，全长5660km。图（a）~图（g）

(a) 河北省，山海关 (Shanhai Pass)，天下第一关 (Number One Pass Under Heaven)。1381年建，关口为长方形城台，高12m，巨型砖砌拱门，城台上筑楼（高13m，宽20m，深11m）

(b) 河北省，抚宁县(Funing)，九门口(A nine-Gate)，历史上是东北进入中原的咽喉，与山海关唇齿相依。九门口有一座110m长的过河城桥，横跨于九江河上，桥上有九门，故得名

北京，居庸关云台（Cloud Terrace）

1268年建。用汉白玉砌成的云台，门洞内刻有四大天王浮雕，六种文字，洞壁还雕有佛像2000尊。关沟长20km。图 (e-1)、图 (e-2)、图 (e-3)

(c) 北京，居庸关（Juyong Pass），1206年建

(d) 北京，居庸关，云台（Cloud Terrace），门券（Archway）

(e-1) 大样图

(e-2) 正立面图

(e-3) 侧视图

(f) 北京,居庸关(Juyong Pass)

(g) 北京,司马台长城 (Simatai Section of the Great Wall),始建于北齐(公元550年),"天梯"长城 (Heavenly Ladder),直上直下

四川省，剑门雄关（门）

山西省，雁门关（长城关门）

中国与尼泊尔交界处的国门

泰、缅、老挝边界泰式牌楼（坊）门

9 城（堡）门的形式与风格

(a) 古城门

(b) 城墙内侧建有马道门斜坡 (Ramp)，供古代官员可骑马直登城顶

山西省，平遥古城 (The Ancient City of Pingyao)

有2700年历史。古城墙周长6.4km，墙高6~10m，底宽9~12m，顶宽3~6m，图(a)、图(b)

陕西省，西安市，城门(City Gate)

　　西安城墙四面设有东、西、南、北四座高大雄伟的城门。城门由正楼(MainTower)、箭楼(Arrow Tower)和瓮城(Enceinte)组成

　　西安市城垣(City Wall)始建于明代(公元1368年)。城墙高12~15m，顶宽12~14m，周长14.6km，面积3.5km²，城墙外环有一条护城河

江苏省，南京市，城门(City Gate)

甘肃省，甘谷古城 (The Ancient Town of Gangu)
图为城门

门外就是横跨在古运河上的枫桥(Fengqiao Bridge)。关城扼据于古苏州的水陆要冲，是明朝(公元1557年)为抗御倭寇入侵苏州而建的

江苏省，苏州市(Suzhou)，铁铃关关门 (The Gate of Iron Bell Pass)

江苏省，苏州市(Suzhou)
2500年前，吴国建城时曾在四面城垣上辟建了八座水陆城门，图为西南面的盘门水陆城门

北京，天安门(Meridian Gate)
建于公元17世纪

印度，占西古城堡门

安徽省，寿县古城门
城墙长7147m

泰国，大城门

龙华镇古城
城墙拱门

丽江古城
宝山古城门

湖南省，凤凰古城门

加拿大，魁北克(Quebec City)
城门

巴基斯坦，卡拉奇(Karachi)
Bagh-e-Melli 大门，Qajar 时期建

黎巴嫩，的黎波里城(Tripoli City)
老城区拱门

德国，慕尼黑(München)
老城门

以色列，凯撒利亚(Caesarean)城门
建于公元前22年

(a) 希津门

(b) 狮子门

(c) 锡安门

马撒达，千年古城

1500m长的双层城墙，38个10m高碉堡。(a)、(b)、(c)

埃及，开罗(Cairo)，法蒂玛王朝(Fatimid)(公元909~1171年)建的城墙门

始建于公元1087年。图为两个方形塔楼(Square towers)之间的主门

埃及，阿斯旺(Aswân)，法蒂玛王朝(Fatimid)穆斯林城门

半圆形塔楼(Semicircular towers)属罗马形式的城门(Roman-style gates)，始建于公元1415年

安徽省，凤阳古城门
始建于公元1368年

近阿曼(Oman Vicinity)，卡斯·卡拉纳(Kasr Kharana)城堡(Fortress)，狭高的门(Gate)

意大利，维罗纳(Verona)，城堡门

10 城市纪念性门的形式与风格

印度，德里(Delhi)
2500年历史的库图卜塔旁的清真寺遗址，现认定纪念性门

印度，德里(Delhi)
国家路上的印度门

多哥共和国，洛美(Lomé)
以挣脱铁锁链的非洲人形象为主题的独立纪念碑

德国，柏林(Berlin)
勃兰登堡门

法国，巴黎(Paris)
  特尼奥姆普尔凯旋门（Arc de Triomple），19世纪建，50m高

山西省，平遥(Pingyao)，市楼(City Tower)
  横跨南大街的市楼高18.5m,共三层，现已成为古城的象征。
  下层为南北通道，东西接民宅。市楼有两个作用：一是聚民交易之地；二是管理市场

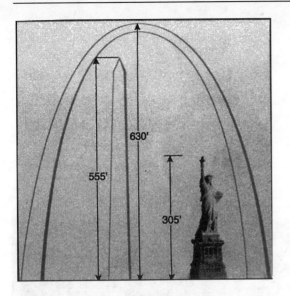

美国，圣·路易斯拱门(St.Louis)

拱门（Gateway Arch）建于公元1963年，630英尺高（192m），用钢量17246t，人乘电梯至顶部

意大利，罗马(Rome)

君士坦丁凯旋门，始建于公元315年，是罗马作为天主教国家的标志

云南省，昭通市
石门关古门楼

法国，奥朗日
罗马凯旋门

葡萄牙
　　科西梅奥广场，纪念门

(a)

(b)

朝鲜，平壤
　　图 (a) 为凯旋门；
　　图 (b) 为主体思想塔基座的凹拱门

西班牙，马德里(Madrid)
凯旋门

德国，洛尔斯(Lorsch)
凯旋门（porte triomphale）建于公元774年

意大利，罗马(Rome)
罗马广场上（Roman Forum）的蒂多斯拱门（Arch of Titus）建于公元70年

11 寺庙建筑门的形式与风格

 (a)
 (b)
 (c)

天津，大悲院

1669年建。图(a)~图(i)

(d)

(e)

(f)

(g)

(h)

(i)

(a)   (b)

天津，天后宫

又称天妃宫、娘娘庙，创建于元代。图(a)~图(f)

(c)

(d)

(e)

(f)

(g)

(h)

(i)

(j)

-147-

(a)

天津，文庙
1436年建。图(a)~图(h)

(b)

(c)

(d)

(e)

(f)

(g)

(h)

北京，红螺寺(The Hongluo Temple)

始建于348年。图为大雄宝殿（宽五间，高30m）(Daxiong Hall)

北京，戒台寺(The Jietai Temple)

始建于622年。图为选佛场（Buddha selection Ground）

北京，卧佛寺[Wofo (Sleeping Buddha) Temple]图(a)、图(b)

始建于7世纪前半叶。(a) 琉璃牌坊门 (Glazed Tile Archway)

(b) 三世佛殿 (The Hall of Trikala Buddhas)（卧佛身长5.2m,25t重）

北京，法源寺(The Fayuan Temple)

始建于696年。图为藏经阁（Scripture Library）

北京，白云观(The White Cloud Temple)

图为山门（Front Gate），面阔三间，建于明代

北京，白云观

图为牌坊门（Archway），四柱七楼木结构

北京，白云观

图为三清阁、四御殿(The Tower of the Pure Trinity and the Hall of Four Guardians)

北京，孔庙(Confucius Temple)(a)、(b)

(a) 国子监牌楼门 (Archways of Guozijian)

北京，碧云寺(The Biyun Temple)

1516年建。图为石坊门 (Stone Archway)，坊长34m，高10m,汉白玉石结构

(b) 大成门 (The Dacheng Gate)——庙中殿

北京，广化寺(The Guanghua Temple)

始建于元代。图为山门 (Front Gate)

北京，智化寺(The Zhihua Temple)

1443年建。图为如来殿万佛阁 (The 10000—Buddha Tower and Tathagata Buddha Hall)，面阔三间

北京，慈寿寺遗址(The Cishou Temple)

现存一塔，图为塔门上的雕饰

北京，通教寺(The Tongjiao Temple)

明代建。图为大雄宝殿

北京，雍和宫(The Yonghegong Lamasery)

图为雍和宫大殿 (Yonghegong Hall)

北京，雍和宫

图为法轮殿（The Hall of the Wheel of the Law）

北京，觉生寺(The Juesheng Temple)

1733年建。俗称大钟寺，大钟寺山门（Front Gate）

北京，大钟楼(The Yong Le Giant Bell)

大钟6.75m高

西藏，萨迦县，萨迦寺(Sagya Monastery)

始建于公元1073年。现存大量的元代壁画

西藏，乃东县，昌珠寺(Changzhug Monastery)

建于公元7世纪

西藏，林周县，热振寺(Rezheng Monastery)

建于公元1054年

西藏，堆龙德庆县，楚布寺(Curpu Monastery)

建于公元1187年

西藏，江孜县，白居寺(Palkor Monastery)

1418年建

西藏，萨迦寺(Sagya Monastery)
始建于公元1079年

西藏
白居寺塔上有四面八门，图为正门

山西省，五台县，唐建金阁寺(Golden Chamber Temple)
　　图为红门

甘肃省，张掖，张掖卧佛之山门(Mountain gate)
　　建于西夏（公元1092年）。占地2.2hm²。卧佛身长34m

西藏，日喀则，扎什伦布寺(Zhaxi Lhumbo Monastery)
　　1447年建。图为山门 (Mountain Gate)

四川，成都，青羊宫(道教)(The Black Goat Taoist palace)
　　建于唐代（公元666年）

江西省，林茨公园(Lingzhi Garden)

图为八角门（中国道教的八卦门）(The Eight-Diagram Gate)

浙江省，杭州市，灵隐寺(The Temple of the Soul's Retreat)

建于公元326年。图为大雄宝殿，高33.6m，单层重檐三叠寺院

浙江省，宁波市，保国寺(Baoguo Temple)

建于960年

浙江省，淳安县，海瑞祠(Hai Rui's Memorial Temple)

海瑞（1514~1587年）

浙江省，宁波市(Ningbo)，天一阁(Tianyi Pavilion)

图为藏书楼洞门

山东省，泰安(Taian)，泰山 [Taishan (Mt.Tai)]

秦泰山刻石(Stele of the Qin Dynasty)，公元前219年，刻石222字，现存岱庙东御座内(The Eastern Throne)

浙江省，杭州市(Hangzhou)，岳王庙(Yue Fei's Temple)

岳飞（1103~1142年），南宋名将。图为岳飞的祠堂（有800年历史）

天津，蓟县，独乐寺(Happiness in solitude Temple)

图为观音阁（Avalokitesvara Chamber），984年重建，始建于唐。大佛高16m

陕西省，西安，轩辕庙人文初祖殿(Hall of the Cultural Ancestor in Xuanyuan Temple)

陕西省，西安，卧龙寺法堂 (Sleeping-Dragon Temple)

始建于汉

岱庙 (God's Temple),正阳门 (The Great South Gate)

岱庙按宫城之制建造,共 8 个城门。正阳门为岱庙正门(岱庙面积 9.6 万 m²),建于北宋(公元 1122 年)

印度,阿旃陀石窟 (Ajanta)

19 号窟(支提)的外观——门与雕刻术

印度,普里 (Puri),科纳拉克 (Konarak)

太阳神庙 (Temple of the Sun)

日本，奈良 (Nara)，法隆寺金堂 (Horyuji)
建于公元 601 年

日本，奈良 (Nara)，唐招提寺金堂 (Toshodaiji)
建于公元 745 年

柬埔寨，吴哥窟 (Angkor Vat)
吴哥窟四主门中的一门 (进门口)，建于公元 1113 年

印度,德里 (Delhi),红堡 (Red Fort)
图为主入口,建于1732年。

山西省,平遥 (Pingyao),文庙大成殿 (Hall of Great Accomplishments in the Confucian Temple)
大成殿重建于金代(公元1163年)。殿正面门前,台阶上青石浮雕"团龙"极为珍贵

北京,天坛,顺贞门,即列队行进(引道)门 (Processional Way)
具有框景效果,有引人入胜的仙景

河北省,承德,普陀宗乘之庙 (Temple of the Potarak Doctrine)

1771年建,占地22hm²。图为庙中的五塔门, (Five-Pagoda Gate of the Temple)。门上并立五座喇嘛塔

印度,桑奇 (Sanchi),

创建于公元前273年,大型窣堵波,一个佛教祠堂。图为前方的石门道,石门高10m

河北省,承德,普宁寺中的大雄宝殿 (The Grand Hall of the Buddha in the Temple of Universal Peace)

殿内有罗汉塑像与清代壁画珍品

埃及，卢克索神殿正门

柬埔寨，吴哥窟门

柬埔寨，吴哥窟(Angkor Vat)，普雷·罗普(Pre Rup)塔门

日本，奈良（Nara），唐招提寺大门

福建省，泉州，开元寺

日本，箱根，祈祷所

(a)　　　　　　　　　　　(b)　　　　　　　　西藏，大照寺红门

越南，胡志明市，华人区关帝庙 (a)、(b)

尼泊尔,加德满都古城 (Katmandu)
王宫广场处的寺庙

山西省,大同,观音堂
图为从门去看三龙琉璃照壁

福建省,福州,衣锦坊
图为61号的汪氏宗祠

尼泊尔，加德满都（Katmandu），寺庙门(a)、(b)

河北省，井隆县于家村，观音阁
清顺治四年建

山西省，平顺县，龙门寺
门前供奉牌匾和布匹

尼泊尔，加德满都（Katmandu），寺庙门

山西省，晋城市，关爷殿
盘龙柱的大门

大徽州，江南第一祠——门神

山西省，晋城市，巨石佛像正门

山西省，榆次市，常家大院
祠堂门前

广东省，广州市，陈家祠堂侧门

福建省，周宁，鲤鱼溪，郑氏祠堂

陕西省，榆林市，万佛楼（明、清）

河北省，井隆县，于家村，清凉阁
建于1581年

四川省，乐山市，峨眉山寺庙　图(a)、图(b)、图(c)　　　　　日本，奈良(Nara)，唐招提寺主门

青海省，西宁市，圣地

陕西省，西安市，仿唐寺庙主门

山西省，太原市，文庙主门

(a)

山西省，太原市寺庙 图(a)、图(b)

(b)

陕西省，西安市，大雁塔主门

(a) 主门

印度，哈勒比德(Halebid)，荷沙尔斯瓦拉神庙(Hoysaleshvara) 图(a)、图(b)
建于公元1150年

(a)

(b) 牌坊门

山西省，太原市，晋祠 图(a)、图(b)
1500年历史

(b)

-176-

印度，坦贾武尔 (Thanjavur)，皮里哈蒂斯瓦拉大神庙 (Brihadishvara)

印度，科纳拉克 (Konarak)，贾加莫哈拉神庙 (Jagamohara)

印度，坦贾武尔 (Thanjavur)，大神庙 (Great Temple)

30m 高，平面尺寸 270m×140m

印度，阿旃陀 (Ajanta)，昌蒂亚寺庙 (Chaitya)

印度，坎奇普兰 (Kanchipuram)，文卡纳塔 (Venkanatha) 神庙

日本，寺庙

陕西省，西安，仿唐寺院

12 教堂建筑门的形式与风格

天津，老西开教堂（又称法国教堂）图(a)、图(b)

建于1913年

天津，天津修道院（望海楼教堂）图(a)、图(b)

又称圣母得胜堂，建于1869年

(a)

(b)

(a)

(b)

英国，剑桥（Cambridge），英国王室学院小教堂（King's College Chapel）西入口

建于公元 1505 年

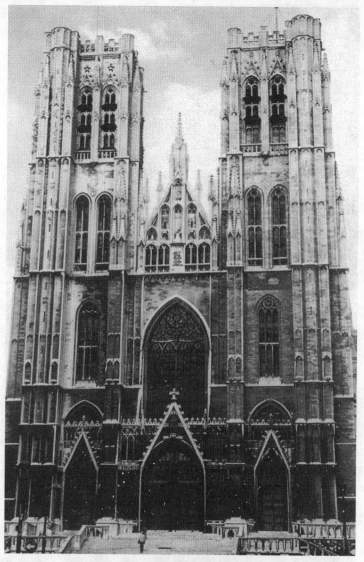

比利时，布鲁塞尔（Brussels），大教堂

建于公元 7 世纪。图为有台阶的主入口

意大利，米兰 (Milan)，大教堂主入口

葡萄牙，瓜尔达 (Guarda)

图为北主入口，建于公元 12 世纪

西班牙，托莱多(Toledo)，大教堂南门

始建于公元 589 年

法国,拉昂(Laon),大教堂(Cathedral)
图为正门一侧装饰

意大利,比萨(Pisa),比萨斜塔旁的圣·玛丽亚教堂(Cathedral of Santa Maria)
图为侧主入口,建于公元1063年

英国,考文垂(Coventry)大教堂(Cathedral)
1907年建

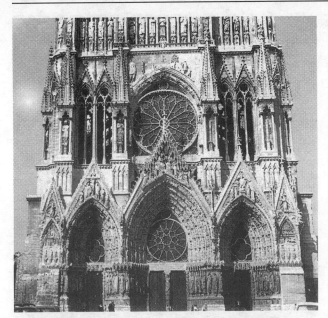

法国，兰斯 (Reims)，大教堂主入口
1500年历史。

巴西，巴西利亚 (Brasilia)，大教堂 (Cathedral)
1956年建
图为地下入口处 (主门)

美国，华尔街 (Wall Street)，特林尼蒂 (Trinity)教堂
建于19世纪

德国，科隆（Köln），大教堂南入口

始建于公元1300年

法国，巴黎（Paris），圣·丹尼斯大教堂（Saint-Denis）

始建于公元1130年。图为西入口门，门与华丽的装饰

越南，胡志明市，红教堂

上海，多伦路鸿德堂

上海，七宝南张天主堂（红门）

(a) 东门

上海，西摩路犹太会堂 图(a)、图(b)、图(c)

有圣坛等，却没有圣像，反对个人崇拜

(b) 旧址主门　　　(c) 进门处　　　哈尔滨，圣母帡幪教堂

哈尔滨,圣·索菲亚教堂

层层迭进的半圆弧线装饰门（纵深感）

法国,夏尔特尔大教堂 (Notre Dame de Chartres)

始建于公元1194年。穹隆36.55m,两箭楼3门

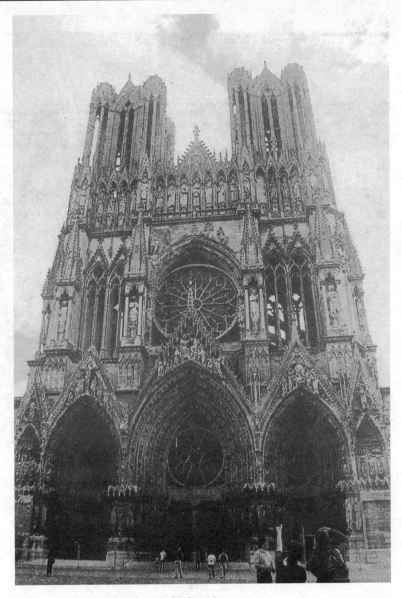

法国,兰斯 (Reims),大教堂正门

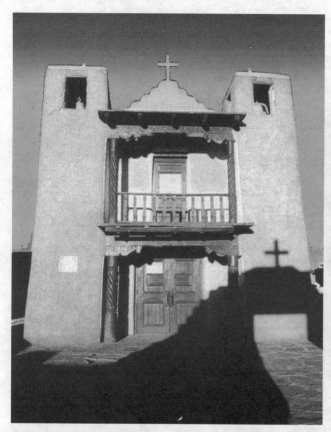

美国，陶斯（Taus），圣·何罗姆教堂正门

耶路撒冷（Jerusalem），圣墓教堂门前

加拿大，多伦多（Toronto），小教堂拱型主门

法国，圣·布鲁日大教堂（Saint-Etienne de Bourges）

1195年建。穹窿37m。教堂正面有5个雕满塑像的大门

葡萄牙，巴伦的杰洛尼莫斯修道院正门

葡萄牙，里斯本(Lisbon)，教堂门前一角

天津，仓门口教堂

德国，波茨坦（Potsdam），市中心步行街教堂

意大利，比萨（Pisa），主教堂门

上海，西藏路教堂正门

法国，福尔米斯 (Formis)，大教堂内殿门
建于公元1080年。

法国，特罗亚 (Troia)，大教堂
建于公元1119年，图为门饰

法国，卢瓦尔省（Loire），圣·拉扎尔大教堂（Saint-Lazare）

建于公元1130年

意大利，巴里（Bari），圣·尼科拉教堂（San Nicola）

建于公元1098年

意大利，威尼托（Venetia），圣·扎罗（San Zeno）教堂

建于公元1138年。图为门饰

德国,沃尔姆斯 (Worms),大教堂

建于公元 12 世纪。

法国,阿韦龙 (Aveyron),圣·福伊 (Sainte-Foy) 修道院

建于公元 12 世纪。图为拱门饰

英国,伊利 (Ely),大教堂

建于公元 1139 年。图为内殿门

德国，赫尔福德 (Herford)，圣·玛利亚 (Saint-Maria)教堂与圣·达维特 (Saint-David)教堂

建于公元1140年

德国，弗赖贝格 (Freiberg)，大教堂

建于公元1230年

德国，雷根斯堡 (Ratisbonne)，圣·耶克奎斯老教堂 (Saint-Jacques)

建于公元1190年

法国，摩德纳 (Modène)，圣·格米尼罗 (San Geminiano) 大教堂

建于公元 12 世纪

瑞士，巴塞尔 (Bale)，大教堂

建于公元 12 世纪

意大利，托斯卡纳 (Toscana)，圣·奎利科教堂 (San Quirico)

建于公元 12 世纪

西班牙，莱昂（León），圣·依斯多罗教堂（San Isidoro）

建于公元12世纪

意大利，菲登察（Fidenza），大教堂

建于公元12世纪

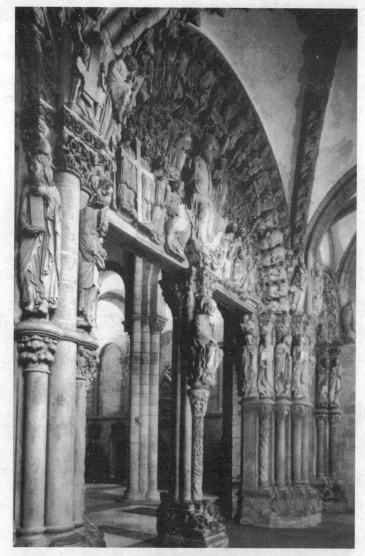

西班牙，加里西亚（Galice），圣·耶克奎斯（Saint-Jacques），大教堂

建于公元1168年

西班牙，莱昂(León)，圣·依斯多罗教堂 (San Isidoro)

建于公元 12 世纪

法国，阿尔 (Arles)，圣·特罗费姆 (Saint-Trophime) 教堂

建于公元 12 世纪。图为拱门饰

法国，加尔 (Gard)，圣·吉莱斯 (Saint-Gilles) 修道院

建于公元 12 世纪

法国，卢瓦尔省 (Loire)，圣·福多纳特老教堂 (Saint-Fortunat)

建于公元11世纪，图为拱门饰

法国，约纳省 (Yonne)，圣·玛特莱恩 (Sainte-Madeleine) 老教堂修道院

建于公元1125年。图为内门饰

法国，滨海夏·朗德省（Charente-Maritime），老教堂
建于公元1130年

法国，桑特（Saintes），老教堂修道院
建于公元12世纪

法国，卢瓦尔省（Loire），圣·福多纳特老教堂（Saint-Fortunat）
建于公元11世纪。图为拱门饰

法国，穆瓦萨克（Moissac），塔龙—加恩省（Tarn-et-Garonne），圣·皮特雷（Saint-Pierre)老修道院

建于公元1120年

法国，上维埃纳（Vienne），圣·尼可拉斯（Saint-Nicolas)老修道院

建于公元12世纪

法国，上维埃纳（Vienne），老教堂

建于公元12世纪

英国，牛津郡(Oxfordshire)，罗马风格的教堂
建于公元12世纪

(a)

(b)

英国，肯特(Kent)，巴尔费雷斯顿(Barfreston)，罗马风格的教堂 图(a)、图(b)
建于公元12世纪。图为拱门装饰

英国，杜克斯伯里 (Tewkesbury)，老教堂修道院

建于公元1120年

英国，剑桥 (Cambridge)，圣·塞朴而克 (Saint-Sépulcre) 教堂

建于公元1120年

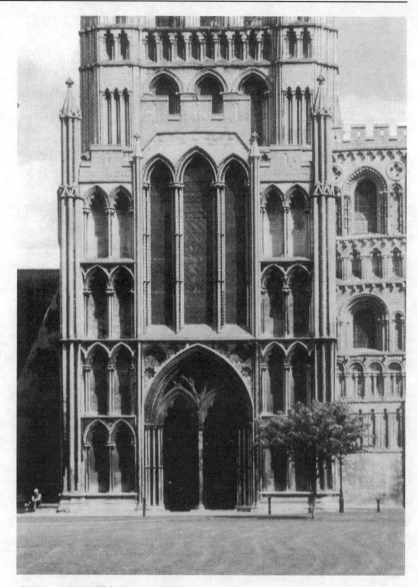

英国，伊利 (Ely)，大教堂

建于公元1111年

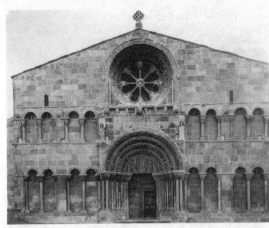

西班牙，索里亚(Soria)，圣·多明戈(Santo Domingo)大教堂

建于公元12世纪

英国，肯特(Kent)，罗彻斯特(Rochester)大教堂(Cathédrale)

建于公元1075年

英国，伯里(Bury)，圣·埃特蒙德(Saint-Edmunds)修道院

建于公元1081年

西班牙，萨莫拉(Zamora)，大教堂
建于公元1151年

法国，罗纳河口(省)(Bouches-du-Rhône)，圣·加勃利尔(Saint-Cabriel)教堂
建于公元1200年

西班牙，托洛(Toro)，萨莫拉省(Zamora)，圣·玛利亚教堂(Santa María)
建于公元1160年

意大利，托斯卡纳(Toscane)，比萨大教堂(Pisa)

建于公元1063年

法国，特洛亚(Troia)，大教堂

建于公元1093年

法国，卢瓦雷(Loiret)，圣·本努特大教堂（老修道院）(ancienne abbatiale)

建于公元1070年

意大利，费索尔(Fiesole)，佛罗伦萨(Florence)，圣·多门尼科大教堂(San Domenico)
建于公元1025年

意大利，佛罗伦萨(Florence)，托斯卡纳(Toscane)区 图(a)、图(b)

(a)圣·其瓦尼大教堂(San Giovanni)，建于12世纪

(b)圣·阿特雷亚大教堂(Sant'Andrea)，建于公元1093年

法国，阿尔(Arles)，圣·特罗费姆教堂主门(Saint-Trophime)

法国，塞姆尔教堂(Semur)

法国，普罗福德(Profond)教堂

意大利，佛罗伦萨(Florence)，圣·米尼托(San Miniato)大教堂

建于公元11世纪

意大利，威尼斯(Venice)，圣·马可大教堂(San Marco)

建于公元1063年

意大利，米兰(Milan)，圣·阿姆勃洛其奥
(Sant Ambrogio)大教堂
建于公元 12 世纪

意大利，摩德纳(Modène)，大教堂
建于公元 1099 年

德国，纽伦堡(Nürnberg)，市中心主教堂门

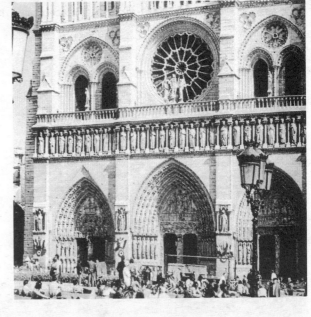

法国，巴黎(Paris)，
巴黎圣母院

意大利，比萨(Pisa)，
圣·玛丽亚(S.Maria)教
会教堂门前

意大利，罗马(Rome)，圣·沙宾亚教堂(Santa Sabina)

建于公元422年。见图(a)、(b)。

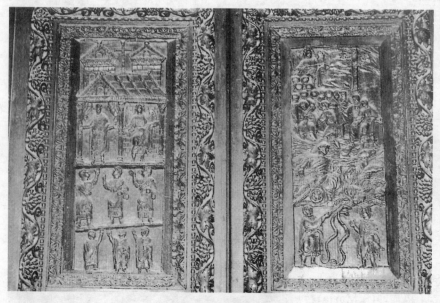

(a) 主入口木制门(Wooden entrance door)详图

(b) 主入口木制门

英国，达勒姆(Durham)，蒙克韦尔莫特(Monkwearmouth)教堂门

建于公元7世纪

意大利，米兰(Milan)，圣·洛伦佐(San Lorenzo)教堂

建于公元4世纪末

意大利，米兰(Milan)，圣·阿姆勃洛其奥(Sant Ambrogio)教堂

建于公元4世纪末

意大利，伊索拉(Isola)，伊斯基拉岛(Ischia I.)小教堂内拱门

法国，巴黎(Paris)，圣母教堂(Notre-Dame)
　　始建于公元1163年。内殿宽47m、深125m，可容万人；中厅高27m，侧厅高9m。图为西入口门（中间为玫瑰窗，两侧为尖券形窗）

西班牙，圣多尔兰奥(Santullano)，圣·朱利亚恩(San Jnliàn)教堂主入口

建于公元9世纪初

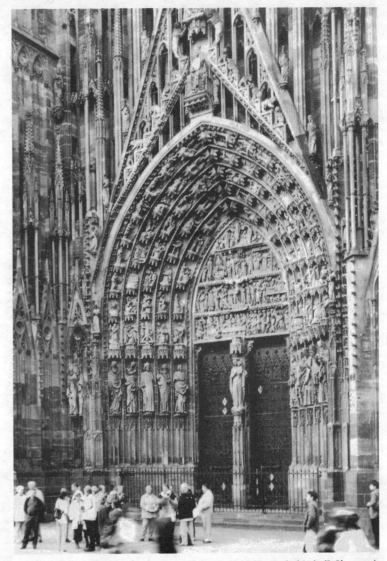

法国，施特拉斯堡(Strasbourg)，施特拉斯堡大教堂(Minster)

始建于公元1240年。图为主入口

法国，桑利斯(Senlis)，桑利斯大教堂
始建于公元1168年。图为西立面图，哥特式建筑(Gothic Architecture)

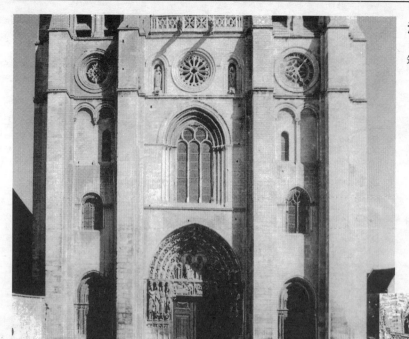

英国，利奇菲尔德(Lichfield)，利奇菲尔德大教堂西立面
始建于公元17世纪

法国，圣但尼(Saint-Denis)，设皇陵的修道院教堂(The abbey church with the king's tombs)

　　始建于公元 1135 年

法国，拉昂(Laon)，大教堂西入口

　　建于公元 1190 年

法国，努瓦荣(Noyon)，大教堂

　　建于公元 1131 年。图为西入口(教堂的主要入口门)

法国，夏尔特尔(Chartres)，圣母大教堂(Cathedral of Notre-Dame)
始建于公元1194年

法国，兰斯(Reims)，圣母大教堂(Cathedral of Notre-Dame)
始建于公元1210年

英国，彼得博罗(Peterborough)，大教堂西立面
始建于公元1201年

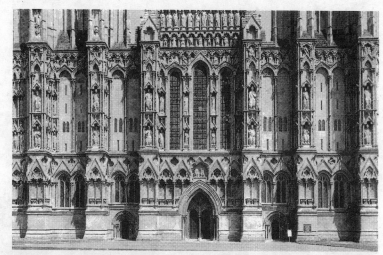

英国，韦尔斯(Wells)，176个雕像(176 statues)西立面的韦尔斯大教堂
始建于公元1229年

13　清真寺建筑门的形式与风格

北京，牛街礼拜寺
(Mosque on Niujie Street)

清真寺，建于公元996年。图为礼拜殿内门（可容千人礼拜）

天津，西宁道清真寺大门

印度，亚格尔(Agra)，布兰·达瓦扎 (Bulan Darwaza)

1569年建。图为西克里清真寺的南大门——半穹窿形门殿，高51.7m

印度，比贾伊普尔(Bijaipur)，瓜尔·瓜巴特(Gul Gunbad)清真寺

八层高，具有伊斯兰建筑形式与风格的圆屋顶，建于1625年

伊朗，伊斯法罕(Isfahan)，玛斯吉特·耶米(Masjid-i-Jami)清真寺

建于公元11世纪中叶

陕西省，西安(Xian)，大清真寺(Great Mosque)

占地1.2ha，始建于唐。图为省心楼(Examining-Mind Tower)，三层八角，木结构

俄罗斯，布哈拉(Bukhara)，(米尔·阿拉伯)玛拉莎清真寺(Madrasa of Mir-i Arab)正门

建于公元709年

甘肃，临夏小清真寺

巴基斯坦，拉合尔(Lahore)，巴德夏希清真寺礼拜堂正门

摩洛哥，卡萨布兰卡(Casablanca)，哈桑二世清真寺

摩洛哥,非斯(Fez),安达卢清真寺

新疆,喀什市(帕米尔)
塔什库尔干街一扇铸满经文的大门

新疆，喀什，清真寺正门

宁夏，临夏清真寺

叙利亚，大马士革(Damascus)，大清真寺 图(a)、图(b)、图(c)

祈祷厅(Prayer hall)，主入口(Main Entrance)，始建于公元1184年，又称乌玛耶德清真寺(The Great Mosque of Umayyads)

(a)祈祷厅主门

(b)内门加墙饰

(c)内门

埃及，开罗(Cairo)，图隆大清真寺(Tulun'S Great Mosque)

始建于公元1296年

西班牙，科尔多瓦(Cordoba)，大清真寺(Great Mosque) 图(a)、图(b)、图(c)

始建于公元755年

(a)西主入口（门）

(b)边门

耶路撒冷(Jerusalem)，蒙特老清真寺(Ancient Temple Mount) 图(a)、图(b)

即阿尔·阿克沙清真寺(al-Aksa mosque)，建于公元687年，平面呈八角形，岩石圆顶

(c)门饰

(a)正门

(b)内门

土耳其，安纳托利亚(Anatolia)，蒙蔡费尔·布鲁西耶·米德雷塞西清真寺(Muzaffer Bürüciye Medresesi)

建于公元13世纪

土耳其，瑟瓦斯(Sivas)，瑟夫特·米纳尔·米德雷塞西清真寺(Cifte Minare Medresesi) 图(a)、图(b)、图(c)

建于公元 13 世纪末

(a) 主门

(b) 门(砖雕)饰

(c) 门(砖雕)饰

土耳其，瑟瓦斯(Sivas)，古克·米德雷塞清真寺
(Gök Medrese) 图(a)、图(b)

始建于公元1211年

(a)主门

(b)主门门饰。土耳其"巴洛克"建筑形式(A Turkish "baroque")

-233-

突尼斯，凯鲁万(Kairouan)，阿格拉皮德大清真寺
(Aghlabid Mosque)

建于公元836年

土耳其，科尼亚(Konya)，因斯·米纳尔·米德雷塞西清真寺
(Ince Minare Medresesi)

建于公元1265年。图为堂皇的门饰(A handsome Gate)

土耳其，科尼亚(Konya)，米德雷塞西清真寺(Medresesi)
始建于公元1265年。图为华丽的门饰

土耳其，安纳托利亚(Anatolia)，大清真寺
建于公元8世纪。

土耳其，布尔萨(Bursa)，蒙拉脱·派沙·卡米(Murat Pasa Camii)清真寺正门

建于公元1426年

土耳其，埃迪尔内(Edirne)，拜耶其脱"Ⅱ"王清真寺(Bayezit Ⅱ)

建于公元15世纪。图为雅致的侧门[(lateral entrances)—— A simple elegance]

土耳其，阿克萨拉伊(Aksaray)，索尔塔哈利清真寺(Sultanhani) 图(a)~图(d)

建于公元1229年

(a)祈祷仪式用的皮斯塔奎(Pishtaq)，一个纪念性的门(A ceremonial gateway)

(b)阿其兹·卡拉·汉(Ağzi Kara Han)，为祈祷仪式的前拱门，背后是称为冬墙(Winter wall)的主门(Portal)

(c)院门门饰

(d)玛德拉沙斯(madrasas)拱门,一个华丽装饰的门(A profusion of ornament)

土耳其,巴拉特(Balat),玛蒂斯·埃米拉特清真寺(Mantes Emirate)主门
建于公元1404年。一个圆熟的建筑(A mature architecture)

土耳其,埃迪尔内(Edirne),塞利米耶王时期建的建筑(Selimiye)
建于公元1567年

土耳其，伊斯坦布尔(Istanbul)，索利曼尼耶(Süleymaniye)清真寺
中世纪建筑。图为外拱廊门

土耳其，阿拉拉特山脚下(Ararat Mt.)，利斯哈克·派沙·沙拉伊(Ishak Pasa Sarayi)清真寺
17世纪末建

14 宫殿建筑门的形式与风格

法国，枫丹白露宫苑
(Le Jardin du Château de Fontainebleau)

始建于公元 1169 年。图为双阶梯式的主入口

瑞典，斯德哥尔摩
(Stockholm)，**王宫**
(Royal Palace)

建于公元 17 世纪

美国，华盛顿(Washington, D.C.)，**白宫**(United States Capitol)

建于 18 世纪中叶

丹麦，克里斯蒂安堡(Christianborg)

图为宫殿主入口

法国，巴黎(Paris)，卢浮宫(Louvre)

图为宫殿主入口，建于公元1100年

英国，汉普顿(Hampton)宫殿主门

始建于公元1529年

英国，米德尔塞克斯(Middlesex)，锡昂(Syon)宫殿

建于1728年

英国，布赖顿(Brighton)宫殿

建于1820年。又称布赖顿亭

葡萄牙，基卢兹(Queluz)王宫
1747年建

德国，圣斯·苏西(Sans Sonci)王宫
1699年建

意大利，那不勒斯(Naples)，卡塞塔(Caserta)王宫

始建于公元1700年

德国，慕尼黑(München)，贝施雷堡皇宫(Schloβ Beschreiburg) 图(a)、图(b)

(a)玛丽亚皇后起居与更衣室(Wohn-und Audienzzimmer der Königin Maria)

(b)玛丽亚皇后写字房(Schreibzimmer der Königin Maria)

德国，慕尼黑(München) 图(a)、图(b)

贝施雷堡皇宫(Schloβbeschreiburg)，玛丽亚皇后起居室(Das Ankleidezimmer der Königin Maria)，在卧室旁(Schlafzimmer)

(a)

(b)

德国，慕尼黑(München)，赫伦切姆塞皇宫(Schloss Herrenchiemsee) 图(a)、图(b)、图(c)

始建于公元746年

(a)前厅

(b)餐厅

(c)起居室（更衣室）

德国，慕尼黑(München) 图(a)、图(b)、图(c)
林德皇宫(Schloβ Linderhof)

(a)利拉王(Lila Kabinett)的接见厅(Audienzzimmer)

(b)帝王的餐厅(Speisezimmer)

(c)帝王用的圣·阿玛小教堂(St.-Anna-Kapelle)拱门

德国，慕尼黑(München) 图(a)、图(b)
水仙皇宫(Nymphenburg)

(a) 水仙皇宫内的派哥登堡(Pagodenburg)的中国漆门(Chinesisches Kabinett)

(b) 水仙皇宫内的阿玛林堡(Amalienburg)东外门(Außenfront von Osten)

北京，故宫(The Palace Museum) 图(a)~ 图(f)

明、清两朝帝王的皇宫，始建于明 1406 年。占地 72ha，城外护城河宽 52m。故宫的内部分为外朝和内廷两大部分。共 9000 间房屋

(b)门前编磬(A Set of Qing)

(a)门前编钟(A Set of Bells)

(c)养心门（养心殿）(The Gate of the Mental Cultivation)

(d)顺贞门（御花园的北门）

(e)太极殿内门(The Hall Supreme Happiness)

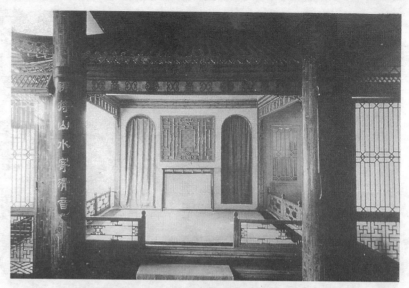
(f)倦勤斋室内小戏台(The indoor little stage in the Juanqin Study)

德国，慕尼黑(München)普林兹卡尔宫殿(Prinz Carlpalais)
建于公元1805年

土耳其，伊斯坦布尔(Istanbul)，托普卡皮宫(Topkapi)主入口
建于公元1462年

曼谷，皇宫大门
贴满了金片

俄罗斯，莫斯科(Moscow)
克里姆林宫主门（参观者必进之门）

日本，京都，元離宮二条城正门
1603年建

北京，故宫正门

摩洛哥·非斯(Fez)，拉巴特王宫大门
金色镂花雕刻

沈阳，故宫正门

摩洛哥，王宫雕花门

俄罗斯，普希金城，城内宫殿

俄罗斯，彼得堡，冬宫
拱门入冬宫广场

奥地利，维也纳(Wien)，美泉宫 (shon-brumm)

伊朗,波斯波里斯皇宫(Palaces of Persepolis)(遗址)度门

始建于公元前518年

安曼(Amman),卡斯拉(Kasra),帝王行宫(Throne's Room)遗址

始建于公元660年

(a) 主入口门

(b) 盲拱门

伊拉克，巴格达 (Baghdad)，乌克赫蒂尔宫殿 (Ukhaidir's Palace) 图(a)、图(b)

始建于公元778年

德国，亚琛 (Aachen)，卡尔里玛格皇宫教堂 (Palatine Chapel of Charlemagne)

建于公元800年。青铜门 (bronze door)，高4m，深(厚) 4.2~5.9cm，重 4500kg

德国，特里尔 (Trier)，波塔·尼格拉皇宫 (Porta Nigra)
从公元 293 年起为皇宫,(有时当教堂使用)。图为皇宫遗址

意大利，巴勒莫 (Palermo)，齐扎宫殿 (Ziza Palace)
建于 1185 年。图为三门立面

叙利亚，大马士革 (Damascus)，阿泽姆宫殿 (Azem Palace)
始建于公元 1749 年

比利时，布鲁塞尔 (Brussels)
公元 1880 年建，比利时建国 50 周年的 50 年宫

法国，夏尔特尔 (Chartres)，宫殿正门 (Royal portal)
建于公元 1150 年

奥地利，维也纳 (Vienna)，哈布斯堡的行宫——美泉宫正门

(a) 正门厅楼梯部分 (Prunktreppe) 天穹

(b) 瓷器室 (Porzellan Kabinett)

德国，慕尼黑 (München)，赫伦切姆塞皇宫 (Schloss Herrenchiemsee) 图 (a)、图 (b)
始建于公元 746 年

15 陵墓建筑门的形式与风格

清东陵 (The Eastern Qing Tombs) 图(a)、图(b)
始建于公元 1663 年。河北省，遵化县 (Zunhua)。这里埋葬着五位清帝

(a) 定陵 (Dingling Tomb)

(b) 裕陵地宫 (The Underground Palace of Yuling Tomb)，九券四门

(a) 隆恩殿 (The Hall of Eminent Favor) 木雕门

清西陵 (The Western Qing Tombs) 图(a)、图(b)

河北省，易县 (Yixian)，占地100km²。帝陵四座等。始建于公元1723年

(b) 泰陵三座门 (The Three Gates of Tailing Tomb)，三座门即陵寝门，它是前朝和后寝的分界线

北京，明十三陵 (The Ming Tombs) 图 (a)~图 (i)

始建于公元 1407 年。这里埋葬着明代的 13 位帝王、23 位皇后等

(a) 大红门 (The Great Red Gate)，又称大宫门 (The Great Palace Gate)，是陵园的正门 (main entrance)，大门两侧各设两个角门，连接 40km 的围墙

(b) 长陵 (Changling Tomb) 大门入口

(c) 祾恩门 (The Gate of Prominent Favor)，为长陵的正门 (The major entrance gate)

(d) 祾恩殿 (The Hall of Prominent Favor) 又称享殿 (The Hall of Enjoyment), 是放置帝王牌位和举行祭祀仪式的地方。大殿为九开间, 建筑面积 1956m²。图为主入口及主入口上方的装饰

(e) 定陵明楼 (The Soul Tower of Dingling Tomb)

(f) 定陵 祾恩门 (The Gate of Prominent Favor of Dingling Tomb)

(g) 地宫 (The Underground Palace), 定陵 (Dingling Tomb)。总面积 1195m²，距地面深 27m。图中的门为"金刚门"(Diamond Gate)，呈"人"字形，两边连接的墙为"金刚墙"(Diamond Walls)，是封砌地宫的围墙，砌砖 50 层，异常坚固

(h) 庆陵 (Qingling Tomb)

(i) 泰陵 (Tailing Tomb)

陕西省，西安 (Xian)，唐朝诸陵 (Qianling Tomb) 陪葬长乐公主墓的墓道门，绘有大量颇具特色的壁画

北京，明十三陵 (Ming Tombs)

图为长陵明楼(The soul tower of Changling Tomb),建于1413年。(明楼是陵墓的标志，建在宝城上，宝城内即为坟丘，长陵的宝城周长为1km)

意大利，罗马 (Rome)，圣·考斯坦茨 (Santa Costanza)，陵庙 (Mausoleum)
建于公元 4 世纪

意大利，拉文纳 (Ravenna)，特奥多利克陵墓 (Mausoleum of Theodoric)
建于公元 5 世纪末

南京，明孝陵

建于公元 1381 年。过石桥后的正门

河北省，遵化，东陵

慈禧太后陵墓正门

16 鼓楼、钟楼建筑门的形式与风格

天津、鼓楼 (a)、(b)、(c)

陕西省,西安 (Xian),钟楼(Bell Tower)

建于1582年。方形基座,木结构,二层,四面有回廊

意大利,威尼斯 (Venezia)

透过框景门,去看圣马可广场钟楼。1477年建,高98.6m

17 中国牌坊门的形式与风格

西安，扶风县 (Fufeng County)，法门寺 (Law Gate Temple) 牌坊门

山东省，泰山岱庙坊 (The Arch of the Temple to the God of Mt. Taishan)

建于清 1672 年。上刻正阳门 (The Great South Gate)

山东省，泰山天街 (Heavenly Street) 牌坊门

泰山顶上有一条长 1km 的天街 (南天门—碧霞祠)

北京，天坛，棂星门 (The lingxing Gate)

北京，明十三陵 (The Thirteen Tombs of the Ming Dynasty)

神路南面牌坊门，建于1540年，面阔29m，高14m，汉白玉雕砌

北京，白云观 (The White Cloud Temple)

建于公元8世纪。图为牌坊门

河北省，遵化县，清东陵 (The Eastern Qing Tombs)

裕陵 (Yuling Tomb) 即清代乾隆帝之墓的牌坊门

河北省，易县，清西陵 (The Western Qing Tombs)

泰陵 (Tailing Tomb) 中的石牌坊门。

澳门，大牌坊门

18 园林建筑门的形式与风格

西藏，罗布林卡新宫 (New Palace in Norbu Lingka) 图(a)、图(b)

(a) 主入口 (罗布林卡称"宝贝花园"，占地36ha，现辟为人民公园)

(b) 藏式院门 (A Tibetan-style compound gate)

意大利，佛罗伦萨 (Florence)，波波里花园 (Boboli Gardens)

1540年建。(占地60ha) 图为岩洞建筑门前

奥地利，宣布隆宫花园 (Garden of the Schonbrunn Palace)

图为格罗里埃特拱门

英国，梅尔本花园 (Melbourne Hall)

建于17世纪下半叶

英国，汉普顿宫苑 (Gardens of the Hampton Court)

金属门后为半圆形大花坛与椴树林阴道

苏州，狮子林 (Lion Grove Garden)
1342年建，石刻60方。洞门 (Doorway)

苏州，艺圃 (Garden of Cultivation)，
明建。月亮洞门 (Moon Archway)

苏州，怡园 (Pleasure Garden)，
明建。占地8亩，石刻数十方

苏州，留园 (Lingering Garden)
明1522年建。占地50亩，300余方石刻。鸳鸯厅 (Mandarin Duck Hall)，用洞门连接二厅

扬州 (Yangzhou), 瘦西湖 (The Slender West Lake Garden)
图 (a)~图 (d)

　　湖长 5km

(a) 钓鱼堂 (Fishing Dais)

(b) 前院一角——洞门

(c) 徐园 (Xuyuan) 洞门

(d) 小金山 ("Small Golden Hill") 洞门

扬州 (Yangzhou)，个园 (Geyuan Garden)，图(a)、图(b)
建于 18 世纪末 (1796 年)

(a) 月洞门与八角洞门加青竹，青竹的布置加强了园林景观深度

南京，煦园 (The Balmy Garden)
1647 年建，洞门

(b) 洞门 + 岩石 (Rocks) + 青竹 (Bamboo)，构成一院景

扬州 (Yangzhou)，珍园 (Pearl Garden)

(a)

(b)

(c)

扬州 (Yangzhou)，片石山房 (Craggy Stone Mountain Lodge) 图(a)、图(b)、图(c)

建于1736年。占地仅780m²

扬州 (Yangzhou)，汪氏小苑 (The Garden of Family Wang) 图(a)~图(d)

现存100间老房

(a) 园东北角 (at the northeast corner) ——园门

(b) 园西南角 (at the southwest corner) ——门景

(c) 园门

(d) 中堂(客厅)门

北京，恭王府 (Prince Gong's Garden)

建于 1851 年，占地 2.5ha。图为巴拿拿院门 (Banana Courtyard)

潍坊 (Weifang)，十笏园 (Shihu Garden)

占地 0.2ha，砖墙八角洞门

(b) 框景门

(a) 寄啸山庄入口

(c) 月亮门 (Moon Gate) 与盛饰墙 (Decorative Gate)

扬州 (Yangzhou)，何园 (Heyuan Garden) 图(a)、图(b)、图(c)

又称寄啸山庄

北京，颐和园 (The Summer Palace) 图 (a)~ 图 (g)

始建于1750年。2.9km²，其中水面占3/4。建筑3000间 (建筑面积7万m²)

(a) 颐和园的正门——东宫门 (Eastern Palace Gate)，宫门题写"颐和园"金匾，台阶中间镶嵌的是二龙戏珠石雕

(b) 仁寿殿(The Hall of Benevolence & Longevity) (图为左侧门)

(c) 大戏楼（The Great Stage）。二层回廊门，建于公元1891年，三层，21m高，底层舞台宽17m

(d) 智慧海（Wisdom-Sea Temple），1750年建，砖石发券门，俗称无梁殿

(e) 云辉玉宇牌楼门（Yunhuiyuyu Pailou），四柱七楼木结构，1750年建，临水而建

(f) 赤城霞起城关（Tower of Rising Rosy Clouds）颐和园东北隅的关隘

(g) 澄爽斋、瞩新楼（House of Clear Water and Cool Breeze, Fresh View Tower），帝后游乐、休息、观赏的地方，依山开门

广东省，余荫山房 (The Cottage in the Shade) 图(a)、图(b)

占地 0.2ha，19 世纪建

(a)

(b)

胡雪岩故居 (The Former Residence of Hu Xueyan)
1872年建。图为主门门把手

杭州 (Hangzhou)，郭庄 (Guozhuang Garden)
香雪分春厅 (The Hall of Fragrant Snow Heralding Spring), 右侧洞门

广东，清晖园 (The Garden of Pure Sunshine)
18世纪建。景门

上海，豫园 (Yuyuan Garden) 图(a)、图(b)

1559年建。占地2ha

(a)

(b)

苏州，怡园 (Pleasure Garden)

入口处，一座月洞门 (Moon Gate)，几扇漏窗 (Loophole Windows)，欲障又露，引人入胜

苏州 (Suzhou), 网师园 (Master-of Nets Garden)

南宋建，占地7.5亩，砖雕门

苏州 (Suzhou), 留园 (Lingering Garden)

鸳鸯厅 (Mandarin Duck Hall) 洞门

苏州，艺圃 (Art Garden)

月洞门

苏州，私家园林

图为深巷通幽 (A deep lane leading to quiet seclusion)

苏州 (Suzhou)，退思园 (Retiring to Thought Garden)

建于清1886年

杭州 (Hangzhou)，我心相印亭 (Pavilion of Complete Rapport)

意即"不必言说，彼此会意"

杭州 (Hangzhou), 郭庄
香雪分春厅门 (Fragrant Snow Heralding Spring)

(a) 左侧

(b) 右侧

苏州 (Suzhou), 网师园 (梯云室) 图 (a)、图 (b)
红木落地罩+门

(a) 正宫大门 [The Zhenggong (Front Palace) Gate]

(b) 烟波致爽殿 [Yanbo Zhishuang Hall (Hall of Refreshing Mists & Waves)], 清帝的寝宫

承德 (Chengde), 避暑山庄 (Imperial Resort) 图 (a)、图 (b)

建于1703年。环绕山庄的宫墙全长10km，占地564ha，有亭榭90座，堤桥29座，碑刻25处，宫门9座等

北京，颐和园 (The Summer Palace) 图(a)～图(e)

1750年建，占地290ha，其中水面占3/4

(a) 东宫门 (The East Palace Gate)

(b) 乐寿堂 (The Hall of Happiness and Longevity)

(c) 颐乐殿 (The Hall of Health & Happiness)

(d) 众香界 (The Multi-Fragrance Boundary)

北京，颐佛寺 (The Temple of Azure Clouds)

山门前的琉璃牌坊门 (the archway covered with glazed tiles in front of the temple)

(e) 苏州街 (The Suzhou Street)

北京，真觉寺 (The Zhenjue Temple)

金刚宝座塔 (The five Diamond Throne Pagodas in the Temple of True Awakening)

北京，天坛 (The Temple of Heaven) 图(a)、图(b)

1420年建，占地273ha

(a) 斋宫内门 (The Inner Gate of Hall of Abstinence)

(b) 斋宫正门 (Front Gate of the Hall of Abstinence)

无锡，公园

德国，慕尼黑 (München)，宫苑 图(a)、图(b)

(a) 主门

(b) 亭门

柬埔寨，金边王宫花园

澳门，大炮台公园

意大利，科莫 (Como) 图(a)、图(b)
　　园林之框景（门）

(a)　　　　　　　　　　(b)

江苏省，无锡，公园

西班牙，巴塞罗那 (Barcelona)
Parc Guell 公园入口处，叫 Pythm 地下泉水守护神

北京，颐和园

排云殿 (Cloud-Dispelling Hall) 主入口门

意大利，利古里亚 (Liguria)

17世纪建的庭院

19 住宅建筑之外门式样

住宅建筑外门，一般是指围墙或栅栏门。是住宅建筑的主入口，也是住宅建筑的第一道安全防御屏障。住宅建筑外门，很注重美观，即很注重主入口环境，同时与主体住宅建筑外形处于和谐统一的整体效果。住宅建筑外门的设计，直接影响住户的荣誉与地位；外门设计风格与形式，同样反映住户的爱好与艺术追求。外门设计应多功能化。如：设有信箱、门牌号、报箱、呼门设施等。徒步至外门的小径设计，应给人留下深刻印象。往往主外门，供主人进出，而车流另设外门，确保入门后有良好的前院环境。

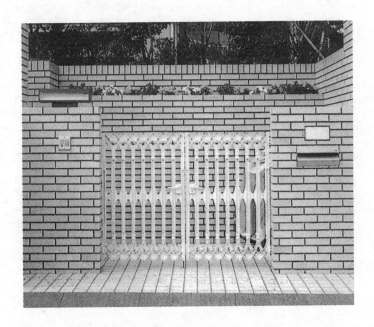

20 住宅建筑门的形式与风格

加拿大,温哥华(Vancouver),一民居

挪威,奥斯陆(Oslo),木屋民居

(b)

(a)

(c)

葡萄牙,奥比多斯城堡,门式样 图(a)、图(b)、图(c)

北京，四合院民居

图为海淀区一民居，常用的垂花门形式(Floral-pendant gate)

北京，四合院，一民居

讲究的四合院门扇上饰有门鐾(door clasps)、门钹(gate cymbals)、包叶(protective wrappings)；门前有上马石(mounting horses)、拴马桩(stones for tying)和抱鼓石(drum stones)

台湾，新竹(Hisnchu)，一民居

对称型，即外门，内门对中

黄姚（广西），一民居

凤凰古镇，三江苗寨，一民居

江阴，一民居（明清时期建）

同里（苏州），一民居

西藏,墨脱,宅门

安徽,皖南各住山村,农舍

剑川县,沙溪镇,欧阳家大院
格子门(附木雕窗)

北京，东四六条，崇礼故居

江西省，婺源县，沱川乡，理坑村民居 李村（贵州省），民居
徽派木雕门

浙江省,泰顺,民居

雪原人家(乌苏镇)

王家大院,灵石县(山西)

理坑,农舍(几百年历史)

婺源县(江西),民居

马耳他,瓦莱塔(Valletta),民居

葡萄牙,里斯本(Lisbon),民居

西班牙，巴塞罗那(Barcelona)，民居

意大利，普里亚(Puglia)，民居

希腊，雅典(Athens)，民居

埃及，帝王谷，民居

日本，东京，传统木屋宅门

韩国，庆州，民居

天津，重庆道，庆王府，阳台门
建于1923年。

越南，河内，民居

福州，宫巷，刘冠雄故居

上海，文人街

天津，民族路上，曹锟旧居
1927年长期居住

上海，景云里
1925年建

山西，平遥，民居

河北省，井陉县，于家村民居
平常的百姓家门口，刻满木纹年轮 (门板上)

福建省，周宁，鲤鱼溪，民居

云南省，丽江古城
白沙木门楼 (The wooden gate tower of Baisha Village) (明代)

云南省，丽江古城
丽江——主街傍河、小巷临水、跨水筑楼的景象。古朴木桥连门连路跨河

(a)

(b)

美国，纽约(New York)，民居 图(a)、图(b)

1300平方英尺独户住宅

委内瑞拉，加拉加斯(Caracas)，民居
景门景窗应用

日本，民居 图(a)、图(b)、图(c)

(a)   (b)   (c)

云南省，丽江(Lijiang)，一民居门

西藏，拉萨市，一民居

东北，农家

巴依 (Bai)，一民居门
无屋檐 (Without Eaves)

新疆自治区，一民居

新疆自治区，喀什(Kashi)，一民居内门

广东省，U形建筑民居(The U-shaped Compounds)

U形民居内部门的设置详图

江南临水民居

苏州(Suzhou)，周庄(Zhouzhuang)民居

山西省，平遥(Pingyao)，四合院

砖窑洞和木砖瓦房两种形式，院中正房（神堂和长辈们居住地方）几乎都是砖窑洞。厢房却用木构砖瓦房，子女居住地方。图为正房外加木廊外檐，外檐仅刷清油

天津，和平路步行街上的民居

上海，会禾里弄入口门

蒋府邸 (Jiang Yaozu's House)，第二院门

蒋府邸 (Jiang Yaozu's House)
进院见全月亮门 (Full-Moon-shaped Gate)。中国传统民居 (traditional Chinese residence)——窑洞民居 (Cave Dwelling)

山西省，"俊俏民宅"——清氏府邸(Qiaos' House)
内套五院(Five Courtyards)。图为其中一院的院门。中国传统民居，现辟为文化博物馆

中国传统居民——窑洞民居 (Cave Dwelling) 图(a)～图(e)

(a) 陕北，毛主席旧居

(b) 地下窑洞民居形式 (The Underground Cave Dwelling)

(c)蒋府邸 (Jiang Yaozu's House)。三院毗邻，一院比一院高 (标高)，具有良好的建筑层次感

(d) 延安，窑洞民居

(e) 庆阳，窑洞民居

(e-1)

(e-2)

山西省，平遥(Pingyao)

宅门是家庭社会地位、财富和权势的象征。建宅时，注重宅门的位置、尺寸和装饰。
旁有拴马柱 (horse-tying poles)

山西省，平遥(Pingyao)，一民居

图为精美的木雕门

山西省，平遥(Pingyao)，民居 图(a)、图(b)、图(c)

(a) 民居的正房 (principal rooms)，由于是砖窑洞 (brick cave dwelling)，多为平屋顶，故高度不及两侧的厢房，因此，正房上加一小楼，不住人，仅为高度的象征

(b) 民居的大门，一般设在四合院的前左侧，门里迎面设照壁 (screen wall)，照壁建在厢房山墙上的"跨山照壁"，有钱人家的照壁砖雕精美

(c-1) 平时走西侧门，门旁拱门是为马车进出而准备的

(c-2) 西石头坡街27号大门，设在院落正中，宅院二进院落，内有屏门，平时不开，家人平日走西侧门，只在重要日子，才开中门

法国，巴黎(Paris)门环，把手 图(a)～图(d)

(a)

(b)

(c)

(d)

浙南，民居门

山西省，常家花园，民居木门

河北省，井陉县，于家村，石头四合院（明末建）

云南省，建水，民居

老北京胡同 图(a)、图(b)、图(c)

(a) 北京，后海民居

(c) 老北京胡同门饰

(b) 老北京胡同（不到胡同，难知北京）

陕西，韩城，民居木雕门

(b)

美国，圣莫尼卡(Santa Monica)，埃米斯府邸(Eames House) 图(a)、图(b)

1970年建

(a)

武夷山，"古粤城"民居

东阳卢宅——捷报门

哈尔滨，民居阳台门

北京，胡同民居

北京，恭王府，拱形石门

摩洛哥，民居门

德国，住宅门

意大利，威尼斯(Venezia)，住宅阳台门

黟县宏村承志堂会客厅二侧门（住宅）

北京，恭亲王府，垂花门

日本，住宅 图(a)～图(j)

(a)

(b)

(c)

(d)

(e)

(f)

(g)

(h)

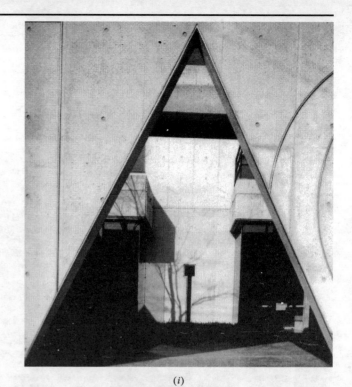
(i)

(j)

美国，住宅 图(a)、图(b)

(a)

(b)

德国，普林(Prien)小镇 图(a)、图(b)

(a)

(b)

德国，住宅

英国，住宅

泰宁金湖，李春水华府第（明代）

西班牙，巴塞罗那（Barcelona），住宅

北京，原胡同四合院住宅 图(a)、图(b)

(a)

(b)

马来西亚，丹绒马林小镇(Tanjong Malim)住宅门

浙江省,"单屋"——夏丏尊故居

杭州,民居

山西省,常家庄园
私家书院,大门外有斗大的"海"字

意大利,比萨(Pisa),民居拱门

宁夏,河川,砖雕门

意大利,维罗纳(Verona),民居拱门

意大利,里米尼(Rimini),民居门前

意大利，民居内门

日本，东京(Tokyo)，民居(木结构) 图(a)，图(b)，图(c)

(a)

(b)

(c)

广州，陈家祠全院

1.5 ha（占地），"三进三路九堂两厢杪"布设，穿插六院八廊。

四川，巴人（族）民居

广州,西关大屋(三门三进)

(a)

(b)

广州,西关民居 图(a)、图(b)

21 公共建筑门的形式与风格

1) 现代（或近代）公共建筑门的形式与风格——办公建筑

奥地利，维也纳（Vienna）塞切森（Secession）建筑

1890年建，被誉为超现实主义者作品(Surrealist)。"甘蓝"全球屋顶的华丽入口（门上部并加叶饰）。

北京，人民大会堂（Great Hall of the People）

1958年建。主入口

天津，睦南道上，称"睦南府"的办公建筑

上海，中国共产党第一次全国代表大会（1921年7月），原望志路106号会址

澳门，市政厅

河南省，南阳府衙门的仪门

美国，芝加哥（Chicago）办公楼门前

印度，班加罗尔（Bangalote），Accenture 计算机商各咨询公司门前

日本图（a）、德国图（b）

(a)

德国

(b)

(a) 主入口门

(b) 上部阳台门

德国，慕尼黑（München），新市政厅（Neuer Rathaus）图(a)、图(b)

2）现代（或近代）建筑门的形式与风格——剧场建筑、音乐建筑

天津，广东会馆（1907年）图（a）～（d）

现为天津戏剧博物馆。

(a)

(b)

(c)

(d)

西班牙，塞维利亚(Seville)，斗牛场

亳州，花戏楼

匈牙利，布达佩斯（Budapest），歌剧院

以色列（Israel），特拉维夫（Tel Aviv），剧场中心（Theater Center）

日本，东京（Tokyo），歌舞伎剧场正门

日本传统艺术的殿堂，始建于公元1889年

英国，伦敦（London），皇家艾尔伯特音乐厅正门（主入口）

奥地利，维也纳（Vienna），维也纳国家歌剧院

100年历史

3）现代(或近代)公共建筑门的形式与风格——展览馆、博物馆、美术馆、图书馆等建筑

德国，慕尼黑(München),国家图书馆(Staatsbibliothek)主门
主入口处(主门)竖立四位德国籍的诺贝尔奖金获得者雕像

瑞士，日内瓦（Geneva）钟表博物馆内门

匈牙利，布达佩斯（Budapest），农业博物馆

北京，周口店遗址博物馆（The Museum of Zhoukoudian Ruins）

尼日尔，尼亚美（Niamey），国家博物馆

意大利，威尼斯（Venezia），圣马克图书馆

马来西亚，沙巴洲（Sabah），博物馆大门

福州，朗官巷 26 号，二梅书屋门

叙利亚，大马士革（Damascus），国家博物馆正门

南京，江苏省，雨花台烈士纪念馆 图（a）、图（b）

(a)

(b)

西班牙，梅里达（Merida），罗马艺术博物院（The Museum of Roman Art）

日本，静冈县，松崎町，美术馆

墨西哥，尤卡坦洲（Yucatan），梅里达（Merida），奇琴.伊查的圆形金字塔天文观象台

南京，中山陵牌坊门前

威海卫，刘公岛，中国甲午战争博物馆

4）现代(或近代)公共建筑门的形式与风格——学校建筑

美国，普林斯顿（Princeton），普林斯顿大学

英国，格拉斯哥（Glasgow），艺术学校

1897年建。图为曲线流畅美的北入口

沧州，林冲武校

图为练功场

广西，兴坪村，渔村小学

日本，三重县(Mie)，北牟娄郡，保育园

东京（Tokyo）（日本），东京都品川区幼儿园

天津外国语学院（意大利文艺复兴时期的建筑风格）图（a）、图（b）、图（c）

5）现代(或近代)建筑门的形式与风格——商业建筑

(a)

天津，国际商场 图（a）、图（b）

(b)

奥地利,维也纳(Vienna),科尔超市(kohlmarkt),蜡烛店

奥地利,维也纳(Vienna),宝石店

北京,瑞蚨祥商店

香港（Hong Kong），皇后大道，Episode 商店

上海，古镇朱家角的一条商业街
旧称破街

丽江古城（云南省），古街上的铺面

山西，平遥（Pingyao）古城
是晋帮商人的主要发源地。
图为古城大街上林立的铺面。

上海，南京路步行街上，新雅饭店主入口

天津，国民饭店

意大利，罗马（Rome），勃蒂孝索斯(Buticosus)浴场(遗址)

意大利，波托费拉约(Portoferraio)，酒吧门前

云南省，丽江，古街铺面

山西省，平遥（Pingyao）日升昌票号（Rishengchang Remittance Bank）

位于古城西大街"日升昌"票号(中国第一家票号)

山西省，平遥 (Pingyao)

明清时期，晋帮商人的实力——古街铺面林立。图为平遥漆器艺术博览馆 (原商业)

山西省，平遥 (Pingyao)

古城南大街134号的"百川通票号"，临街是铺面，后面宅院 (民居院落为窄长四合院，平面呈"日"字型二进院和"目"字型三进院，更大规模的宅院为左中右三路纵院并列)

土耳其，阿克萨拉伊(Aksaray)，旅店(Garavanserai)

主门(12m 高)，建筑面积 4500m²。伊斯兰教，拜时的旅店

荷兰，小酒吧门

意大利，威尼斯（Venezia），圣马可方场和圣马可回廊门前的酒吧与餐饮

美国，拉斯维加斯，（Las Vegas），印地安人特色的店铺门前

英国，伦敦(London)，伦敦阁(英国风味的东西)商店内拱门

上海，古董店门前

芬兰,桑拿屋

意大利,普里亚(Puglia),酒吧门前

日本,箱根,神奈川县,旅店入口处

广州,近郊,旅店拱门

(b)

(a)

意大利,伊索拉(Isola),伊斯基拉岛(Ischia I.),温泉疗养院图(a)、图(b)、图(c)、

(c)岩洞门

英国，伦敦(London)，唐人街，商业步行街

英国，伦敦(London)，巴比坎中心主入口

6) 现代(或近代)公共建筑门的形式与风格——体育建筑

7) 现代(或近代)公共建筑门的形式与风格——银行建筑

天津，奥林匹克体操中心主门

（a）正门

（b）阳台门

天津，交通银行 图（a）、图（b）

荷兰，阿姆斯特丹(Amsterdam)，交易所(Exchange)

建于公元1903年

上海，外滩，原荷兰银行

8）现代(或近代)公共建筑门的形式与风格——交通建筑

葡萄牙，奥比多斯车站

意大利，罗马（Rome），交通与供水用的拱门遗址（Water supply & traffic）

建于公元52年

意大利，罗马（Rome）桥拱遗址（拱门）

建于公元70年

9）现代(或近代)公共建筑门的形式与风格——科学家、艺术家等建筑

德国，波茨坦(Potsdam)，爱因斯坦塔(Einstein's Tower)

瑞典，斯德哥尔摩（Stockholm）

诺贝尔获奖者发表演讲的讲台，对主入口门

22 工业建筑门的形式与风格

(a)

(b)

德国,汉堡(Hamburg),STO 有限公司 图(a)、图(b)

英国,伦敦(London),威尔斯登(Willesden),货运(输送)站(Freight Depot)

德国,莱茵河畔,魏尔市(Weil am Rhein),维得拉(Vitra)制造厂

(a)

(b)

英国，诺里奇(Norwich)，ECN 印刷中心有限公司

西班牙，巴塞罗那(Barcelona)，S.A.研究所 图（a）、图（b）

（a）两车间之间的接合部开门

（b）右侧主门

意大利，卡斯特雷特(Castrette)，贝内东(Benetton)工厂 图(a)、图(b)

日本，成田(Narita)，为成田机场制作JRC食品供应厂

德国，不伦瑞克(Braunschweig)，Miro数据系统中心(Datensysteme)

英国，伦敦(London),TV4号总部(Channel 4 TV Headquarters)

法国，博多费尔(Bondoufle),国家印刷厂(Imprimerie Nationale)

法国，图卢兹(Toulouse)，大型客机(Airbus)装配车间